湖北省高等学校哲学社会科学研究重大研究课题资助（23ZD143）

中国经验

科技人才生态建设研究

以省实验室为对象

何科方 ◎ 著

光明日报出版社

图书在版编目（CIP）数据

科技人才生态建设研究：以省实验室为对象 / 何科方著. -- 北京：光明日报出版社，2024.9. -- ISBN 978-7-5194-8310-4

Ⅰ.G316

中国国家版本馆 CIP 数据核字第 2024L86K59 号

科技人才生态建设研究：以省实验室为对象
KEJI RENCAI SHENGTAI JIANSHE YANJIU：YI SHENG SHIYANSHI WEI DUIXIANG

著　　者：何科方	
责任编辑：刘兴华	责任校对：宋　悦　乔宇佳
封面设计：中联华文	责任印制：曹　净

出版发行：光明日报出版社

地　　址：北京市西城区永安路 106 号，100050

电　　话：010-63169890（咨询），010-63131930（邮购）

传　　真：010-63131930

网　　址：http://book.gmw.cn

E - mail：gmrbcbs@gmw.cn

法律顾问：北京市兰台律师事务所龚柳方律师

印　　刷：三河市华东印刷有限公司

装　　订：三河市华东印刷有限公司

本书如有破损、缺页、装订错误，请与本社联系调换，电话：010-63131930

开　　本：170mm×240mm			
字　　数：215 千字	印　　张：16		
版　　次：2025 年 1 月第 1 版	印　　次：2025 年 1 月第 1 次印刷		
书　　号：ISBN 978-7-5194-8310-4			
定　　价：95.00 元			

版权所有　　翻印必究

目 录
CONTENTS

引　言 ………………………………………………………………… 1

第一章　绪论 ………………………………………………………… 4
　一、研究背景与意义 ……………………………………………… 4
　二、相关研究综述 ………………………………………………… 15
　三、研究思路与研究方法 ………………………………………… 27
　四、研究内容及创新点 …………………………………………… 29

第二章　省实验室的背景、概念与特征 ………………………… 32
　一、省实验室产生背景 …………………………………………… 33
　二、省实验室概念辨析 …………………………………………… 37
　三、省实验室主要特征 …………………………………………… 41
　四、省实验室发展的积极意义 …………………………………… 49

第三章　省实验室主任胜任力素质模型 ………………………… 53
　一、相关研究动态 ………………………………………………… 55

二、研究方法与过程……………………………………………… 57
　　三、省实验室主任胜任力模型的构建与阐释…………………… 62
　　四、省实验室主任胜任力特征…………………………………… 64
　　五、有关建议……………………………………………………… 69

第四章　省实验室科技人才需求预测……………………………… 71
　　一、研究思路与方法……………………………………………… 72
　　二、理论基础溯源………………………………………………… 73
　　三、影响因素分析………………………………………………… 76
　　四、科技人才需求预测与结果分析……………………………… 78

第五章　省实验室科技人才生态建构……………………………… 83
　　一、研究回顾……………………………………………………… 84
　　二、个案与材料…………………………………………………… 86
　　三、之江实验室科技人才生态的建构过程……………………… 89
　　四、省实验室科技人才生态因子………………………………… 96
　　五、省实验室科技人才生态因子的作用………………………… 104

第六章　省实验室科技人才生态的环境营造……………………… 108
　　一、省实验室的命名模式………………………………………… 109
　　二、省实验室的选址模式………………………………………… 111
　　三、省实验室的空间规划模式…………………………………… 115
　　四、省实验室的研发设施配置模式……………………………… 119
　　五、省实验室科技人才生态环境营造的问题与建议…………… 127

第七章 省实验室科技人才生态的政策供给 ………………… 129
一、研究设计 ………………………………………………… 130
二、政策文本分析 …………………………………………… 136
三、问题与建议 ……………………………………………… 148

第八章 省实验室科技人才集聚模式经验借鉴 ………………… 151
一、国外地方实验室科技人才集聚模式 …………………… 151
二、国内省实验室科技人才集聚模式 ……………………… 159
三、省实验室科技人才集聚的发展态势 …………………… 170

第九章 基于湖北省实验室科技人才生态优化的实证分析 …… 175
一、湖北省实验室科技人才队伍建设现状 ………………… 175
二、湖北省实验室科技人才队伍建设的外部环境 ………… 195
三、湖北省实验室科技人才队伍建设对策 ………………… 201

结论与展望 ………………………………………………………… 222
参考文献 …………………………………………………………… 225
后　记 ……………………………………………………………… 247

引 言

进入大科学时代,面对日益复杂的科学技术问题,需要发挥科技举国体制组织科技攻关,形成体系化的国家战略科技力量。2017年3月,中共中央、国务院印发《国家实验室组建方案(试行)》,组建国家实验室被提上重要议事日程。国家"十四五"规划提出:"加快构建以国家实验室为引领的战略科技力量,形成结构合理、运行高效的实验室体系。"党的二十大报告进一步提出:"优化配置创新资源,形成国家实验室体系,统筹推进国际科技创新中心、区域科技创新中心建设。"从"国家实验室"到"国家实验室体系",标志着强化国家战略科技力量进入更深层次。在高水平科技自立自强的总体目标要求下,科技创新治理的双层逻辑日益凸显,亟须充分调动中央和地方的积极性,实现宏观治理与微观治理的有机结合。在国家层面,国家实验室体系建设主要体现为国家实验室等国家级高水平科研机构,涵盖量子信息、光子与微纳电子、网络通信、人工智能、生物医药、现代能源系统等重大创新领域,由中央政府统筹推进,目前已批准建设的国家实验室有10余家。在地方层面则主要体现为省实验室建设,由省级政府负责推进,是创建国家实验室的"预备队"。近年来,在中央统一部署下,国家实验室体系建设成效显著,广东、上海、浙江、安徽、江苏、湖北、山东、四川等地120多家省实验室应运而生。

作为我国实验室体系的重要组成部分，省实验室是由省级政府主导、多元主体参与、市场化运行的高水平新型研发机构。实践表明，省实验室既是国家战略科技力量的有效补充，又是带动区域高质量发展的重要引擎，在打造科技创新高地中发挥着重要作用。2021年以来，湖北先后挂牌成立光谷实验室、珞珈实验室、洪山实验室、江夏实验室、江城实验室、东湖实验室、九峰山实验室、三峡实验室、隆中实验室、时珍实验室等10家省实验室，在汇聚一流科研力量完成关键核心技术攻关方面成效显著——在国际上首次发现面—体复合型的"幽灵"双曲极化激元电磁波；研制出我国首台铁路轨道在线强化与修复车辆、我国首台十万瓦级超高功率工业光纤激光器、国内唯一具有完全自主知识产权的可印刷介观硅太阳能电池；发布我国首个全球雷达正射影像一张图和全国地标形变一张图；发射我国首颗可见光高光谱和夜光多光谱多模式在轨可编程微纳卫星"启明星一号"；发现提高玉米和水稻产量关键基因，揭示玉米和水稻趋同选择遗传规律；制备出超高纯电子级硫酸、高性能BOE蚀刻液，实现国产替代；等等。

科技人才是推进省实验室高标准建设的关键资源。当前，省实验室需要吸引一流的科研人员和管理人才，尤其要加快引进一批战略科学家、科技领军人才和创新团队、青年科技人才，以确保省实验室的科技创新能力和运行效率。进一步地，要在创新资源集聚过程中统筹规划各层次科技人才，将人才资源调配到关键核心技术攻关领域，实现国内外高端人才资源的有效整合，打造本区域的战略人才高地。同时，通过不断优化区域创新生态，以创建国家实验室为契机，以省实验室为核心节点，实现政府、市场、社会组织、科研院所等的不同人才之间的协同合作。2022年7月14日，湖北公布《加快推进武汉具有全国影响力的科技创新中心建设实施方案（2022—2025年）》，提出五方面21类重点工作任务，其中包括"高标准建设实验室体系，高水平建设吸引和集聚人才平台"。

从湖北实际来看,当前亟须发挥省实验室作用,加快科技人才集聚,促进省实验室提质增效,为国家科创中心建设提供平台支撑。建议采取以下措施:一是实施省实验室"1235"引才工程。即在引才宣传上要集中打造1个"省实验室人才"品牌,在引才方式上要建立"线上+线下"2条引才渠道,在引才对象上要重点面向院士等战略科学家、学术带头人(PI)等骨干研究人员、博士后等青年人才3类紧缺人才,在引才策略上要注重与重大科技基础设施集群建设相结合、与各级各类重点人才工程相结合、与组建单位的优势资源利用相结合、与湖北省"51020"现代产业体系相结合、与新型科技人才需求及全球科技人才迁徙规律相结合5个结合原则。二是打造湖北实验室"4+N"育人平台。加快建设4个育人平台,即省实验室研究所(研发中心)二级研发平台,检测中心、大科学装置等支撑平台,概念验证中心、中试熟化基地、创新样板工厂等科技成果转化平台,全球项目路演中心等人才服务平台。夯实省实验室"核心+基地+网络",加快打造场景驱动创新的N个实验室基地。三是探索省实验室"科技人才特区"新型用人机制,实行"一个单列"、推进"四个转变"、支持"六个自主决定"。四是优化省实验室科技人才"居、学、医、评"服务体系,营造拴心留人的良好氛围。

第一章

绪论

实验室是科学的摇篮、科学研究的基地、科学技术发展的源泉，对人类社会发展进步起着重要的推动作用。从实验室创办主体看，实验室包括大学主导创办、企业主导创办、政府主导创办、科研机构主导创办等多种类型。在我国，政府创办的实验室又分为中央政府创办的实验室和地方政府创办的实验室。本书研究地方政府创办的实验室，即2017年以来全国各地建设的省实验室。

一、研究背景与意义

（一）实践背景

进入大科学时代，面对日益复杂的科学技术问题，需要发挥科技举国体制组织科技攻关，形成体系化的国家战略科技力量。党和国家领导人多次强调"突破卡脖子关键核心技术刻不容缓"。国家"十四五"规划提出"加快构建以国家实验室为引领的战略科技力量，形成结构合理、运行高效的实验室体系"。在新发展格局下，创建国家实验室、提升国家战略科技力量体系化能力显得极其迫切，成为省实验室诞生的重要推动力。

第一，省实验室是优化国家实验室体系、加快实现高水平自立自强的现实需要。

当今世界正面临百年未有之大变局。面对新一轮科技革命和产业变革蓬勃兴起，各科技强国积极谋篇布局，《德国工业4.0战略》《美国国家创新战略》《日本科技创新综合战略》《以色列科技创新发展战略》等国家级战略规划相继颁布。中国先后发布《国家中长期科技发展规划》《国家创新驱动发展战略纲要》等一系列科技政策，作为推动我国经济社会发展的战略支撑，这不仅是推动中国经济转型升级的强有力举措，更是抢占未来发展先机、实现"两个一百年"奋斗目标的战略部署。国家实验室作为一种先进的科技创新载体，成为我国迎接科技挑战的重要平台。

世界上第一个国家实验室可以追溯至1870年所建立的德国皇家物理技术研究院，但国家实验室的兴起和发展却是在"二战"前后。全球国家实验室的名称各异，诸如"国家或联邦实验室""国家科研中心""学会或联合会"等。在美国，国家实验室分别隶属于美国联邦政府的多个部门，例如，美国能源部下辖阿贡国家实验室、布鲁克黑文国家实验室、费米国立加速器实验室、劳伦斯利佛摩尔国家实验室、洛斯阿拉莫斯国家实验室、橡树岭国家实验室、桑迪亚国家实验室等17个国家实验室，来自国家实验室的大量前沿成果向产业领域转移转化，帮助美国形成了创新经济竞争力的巨大优势。近年来，美国国家实验室又有新发展。在量子技术领域，美国能源部国家实验室领导建立了5个国家量子信息科学（QIS）研究中心，代表了实验室、大学和私营公司之间的合作伙伴关系，致力于整合科技创新链，以促进QIS发展所需的生态系统。目前有38所大学、15家公司、12个国家实验室和2个联邦研发机构成为国家量子信息科学研究中心成员。在半导体领域，为更好地实施《芯片和科学法》，2023年4月，美国发布《国家半导体技术中心愿景与战略》报告，提出将建设 3 个国家制造半导体研究所。① 在德国，国家实验室有"马普学会""亥姆霍兹联合会""弗朗霍夫协会"与"莱布尼兹联合会"四大国立科研机构。在法国，国立研究机构众多、类型多样，比较著名的法国国家科学研究中心隶属于法国高等教育和科研部，在全球共有 1000 多个研究实验室。在英国，国家实验室被称为中心、研究所，如英国国家物理实验室、卡迪什国家实验室、卢瑟福—阿普尔顿国家实验室、国家海洋学中心等。在俄罗斯，俄联邦政府则直接授予相关单位"国家科学中心"资质，并给予重点投入和政策支持。② 纵观全球，国家实验室建设的核心经验主要有完成国家使命，部委直属管辖，政府资助为主，发挥规模效应，人事管理灵活，主攻大型项目，注重持续评估。③

国家实验室是体现国家意志、实现国家使命、代表国家水平的战略科技力量，是实施创新驱动发展战略的基础支撑，是国家创新体系的核心和龙头，是建设世界科技强国的重要标志。早在 20 世纪 80 年代，我国就有国家实验室的建设探索。最早的国家实验室是 1983 年立项、1984 年开建、1991 年建成的国家同步辐射实验室、正负电子对撞机国家实验室。从 1984 年到 2003 年逐步建立了北京串列加速器核物理国家实验室、兰州重离子加速器国家实验室、沈阳材料科学国家（联合）实验室。2003—2012 年先后计划筹建 15 所国家实验室，但这些实验室有的未获准立项，有的转设为国家研究中心。

党的十八大以来，随着创新驱动战略的不断深入，国家高度重视国

---

① 黄宁燕，张丽娟. 主要国家打造国家级新型研发机构的实践和运作方式研究 [J]. 全球科技经济瞭望，2023，38（7）：41-48.
② 王江. 国家实验室的数字化转型：多层次视角分析 [J]. 科学管理研究，2022，40（5）：77-85.
③ 鲁世林，李侠. 国外顶尖国家实验室建设的主要特点、核心经验与顶层设计 [J]. 科学管理研究，2023，41（1）：165-172.

家实验室建设，将其作为提升科技能力的重要战略手段，抢占科研竞争制高点的重要战略举措。习近平总书记多次强调，党中央提出"要以国家目标和战略需求为导向，瞄准国际科技前沿，布局一批体量更大、学科交叉融合、综合集成的国家实验室"。2015年党的十八届五中全会强调，要在重大创新领域组建一批国家实验室。2017年8月，科技部、财政部、国家发展改革委出台《国家科技创新基地优化整合方案》，标志着我国国家实验室建设迈上了新台阶，该文件提出按照中央关于在重大创新领域组建一批国家实验室的要求，突出国家意志和目标导向，采取统筹规划、自上而下为主的决策方式，统筹全国优势科技资源整合组建，坚持高标准、高水平，体现引领性、唯一性和不可替代性，成熟一个，启动一个。国家"十四五"规划提出"加快构建以国家实验室为引领的战略科技力量，形成结构合理、运行高效的实验室体系"。党的二十大报告进一步提出"优化配置创新资源，形成国家实验室体系，统筹推进国际科技创新中心、区域科技创新中心建设"。从"国家实验室"到"国家实验室体系"，标志着强化国家战略科技力量进入更深层次，国家实验室体系的内涵更为丰富。在国家层面，体现为国家实验室等国家级高水平科研机构，涵盖量子信息、光子与微纳电子、网络通信、人工智能、生物医药、现代能源系统等重大创新领域，由中央政府统筹推进，目前已批准建设的国家实验室有10余家。在地方层面，主要体现为省实验室建设，由省级政府负责推进，是创建国家实验室的"预备队"。在这种背景下，我国省实验室发展迅猛，23个省市相继创建120多家省实验室，其中近30家提出创建国家实验室。

第二，省实验室是攻克颠覆性和前沿技术、培育区域新质生产力的重要平台。

新质生产力源于技术革命、生产要素创新配置及产业深度转型，是当代先进生产力的典范。它融合了新技术、新模式、新产业、新领域与新动能，强调高新技术的研发应用及科技创新的主导作用，同时注重品质提升。其特点在于颠覆性创新、产业链更新、高质量发展及劳动生产率提升，展现了相对于传统生产力的巨大跃迁。2023年12月12日召开的中央经济工作会议强调"要以科技创新推动产业创新，特别是以颠覆性技术和前沿技术催生新产业、新模式、新动能，发展新质生产力"，进一步明确了科技创新的引领作用，确立了新质生产力发展的战略地位。科技创新作为新质生产力的核心驱动力，其背后蕴含的是对传统产业发展模式的超越和对经济增长质量的本质提升。颠覆性技术和前沿技术等创新要素的应用，不仅推动了新兴产业和未来产业的涌现，也加速了经济动能的转换，从而为中国经济发展注入了前所未有的活力和潜力。[1]

"抓创新就是抓发展，谋创新就是谋未来。"创新引领新质生产力培育。2022年，全国共投入研究与试验发展经费30782.9亿元，国家财政科学技术支出11128.4亿元，投入强度相比上年分别增长10.1%和3.4%。强大的资源投入有力地支撑了基础研究的发展，在创新激励中发挥新型举国体制优势，推进创新型国家建设，有力地推进了重大科技成果的持续涌现。[2] 总体来看，我国培育新质生产力仍面临基础研发投入不足、科技成果转化机制不健全、产业基础能力不扎实、人才质量和结构不匹配、全球资源整合能力不强等问题和障碍。当前亟须引导企业和科研机构聚焦前沿科技，将科技创新重心前移，在推动"从0到1"自主原始创新的同时，创造条件开展多层次、宽领域的科技交流合作，最大限度地整合利用全球科技资源，着力突破关键技术、关键零部

---

[1] 张姣玉，徐政. 中国式现代化视域下新质生产力的理论审视、逻辑透析与实践路径[J]. 新疆社会科学，2024（1）：34-45.
[2] 张辉，唐琦. 新质生产力形成的条件、方向及着力点[J]. 学习与探索，2024（1）：82-91.

件、关键原材料，不断拓展生产资料和劳动对象的边界，提升新质生产力的科技含量。①

科技创新是新质生产力发展的核心动力。加快形成新质产生力要以新型举国体制实施重大科技项目攻关，强化新质生产力的科技支撑。重大科技项目攻关往往涉及多个领域和学科，需要促进跨学科的协作和集成创新，要积极搭建跨部门、跨机构、跨学科的合作平台，打破各部门之间的信息壁垒，促进科研人员与专家团队之间密切合作，对现有国家科研机构、科学技术领军企业、研究型大学的定位和布局进行优化，构建一个适应新质生产力发展的创新生态体系，对于提升国家创新能力和产业竞争力至关重要。②

实践证明，省实验室是攻克颠覆性技术和前沿技术、培育新质生产力的主力军。当前及今后一段时期我国战略科技力量必须攻克制约产业和经济发展的一系列关键核心技术和现代工程技术难题，即具有颠覆性、前沿性的"卡脖子"技术，从而提高我国产业发展水平。"卡脖子"技术的攻关突破不能仅仅依靠国家财政力量，还应以省实验室等为载体，最大限度地激发各类市场主体的创新积极性，充分调动各种社会科技力量的创新能力，形成从中央到地方、从国有到民营、从经济场域到经济社会复合场域共同参与的战略科技力量体系。

省实验室是孕育原始创新、推动区域经济发展的重要引擎。从紫金山实验室、深圳湾实验室、光谷实验室、季华实验室等省实验室的发展经验看，省实验室大胆探索，围绕国家重大战略需求，实现了跨学科、跨机构的交叉融合和创新资源的集聚，改变了以往"单打独斗"式的科技创新发展模式，为区域经济发展提供了原始创新成果。

---

① 杨丹辉. 科学把握新质生产力的发展趋向［J］. 人民论坛，2023（21）：31-33.
② 石建勋，徐玲. 加快形成新质生产力的重大战略意义及实现路径研究［J］. 财经问题研究，2024（1）：3-12.

省实验室是探索实施科研组织体制机制改革的"试验田"。通过布局大装置、大平台、大机构、大团队，依托省实验室搭建创新要素与科技发展深度连接的桥梁，科研组织有望打破长期以来许多领域都存在的"闭门造车"的风气，解决这些长期制约我国科技创新效能提升的问题。

第三，省实验室是建设科技强省、打造区域战略人才力量的战略布局。

湖北省当前正在加快推进武汉全国有影响力的科技创新中心建设，积极争创国家吸引集聚人才平台。在此背景下，为了瞄准新一轮创新驱动发展需要，培育创建国家实验室，湖北省委、省政府启动建设省实验室，整合省内外相关优势资源，围绕重大科学问题、产业转型升级问题和战略性新兴产业发展，强化基础前沿、重大关键共性技术到应用示范的全链条创新设计和一体化组织实施，为推动湖北高质量发展提供有力科技支撑。2021年年初，湖北集中挂牌成立光谷实验室、珞珈实验室、洪山实验室、江夏实验室、江城实验室、东湖实验室、九峰山实验室7家省实验室，随后三峡实验室、隆中实验室、时珍实验室成立。经过两年多建设发展，湖北实验室有望成为科技强省的新载体、战略人才培育的新基地、科技成果转化的新平台。2022年4月19日，省长王忠林召开湖北实验室建设推进会指出："加快推进湖北实验室高效运行，全力争创国家实验室，为打造国家战略科技力量、促进湖北高质量发展做出新贡献。"显然，湖北省委、省政府已将湖北实验室建设作为全省科技创新工作的重中之重。湖北省第十二次党代会报告提出"努力建设全国构建新发展格局先行区，加快创建国家实验室，创新驱动发展迈上新台阶"。湖北实验室是湖北科技强省建设的"四梁八柱"，是创建国家实验室的重要基础条件，是省委省政府的头等大事。引进和培育一支高水平的科技人才队伍，对于省实验室建设至关重要。因此，探究湖北省实验室运行机制，加强省实验室科技人才的研究意义重大。

本书有利于摸清湖北省实验室科技人才发展现状，为加快推进湖北省实验室高质量发展提供参考；梳理外地省实验室集聚科技人才经验，为湖北打造人才高地提供借鉴；科学规划湖北省实验室科技人才发展战略，高标准建设实验室体系，高水平建设吸引和集聚人才平台，为湖北建设具有全国影响力的科技创新中心提供人才支撑。

（二）理论背景

一方面，有关实验室的研究一直是国内外理论研究的热点。

在国外，工业实验室的发源地最早在德国。19世纪60年代，德国染料制造商采取了一个"决定性的步骤"，即建立他们自己公司的实验室，在实验室中雇用完全是学术性质的科学家进行独立的研究工作，以便发现新的产品和流程。自此，拜尔、巴斯夫等化工、制药公司率先开展了现代意义的工业研究。20世纪初，美国工业实验室开始迅速崛起。如美国最早的工业实验室——通用电气实验室，便是从爱迪生的"发明工厂"转变而来的。20世纪40年代至60年代，冷战时期美国国家实验室快速发展，1969年时一度达到69家。[①] 目前，美国共有43个国家实验室，分别由美国能源部、国防部、航空航天局、国土安全局等联邦部委进行资助。[②] 这些实验室大多设在大学里，如加州大学伯克利分校的劳伦斯伯克利国家实验室（LBNL）、麻省理工学院的林肯实验室（LL）、加州大学的洛斯阿拉莫斯国家实验室（LANL）、加州理工学院的喷气推进实验室（JPL）等。在不断丰富的现实场景下，实验室研究作品不断问世，成为国外人类学家、社会学家、哲学家研究的热点之

[①] 赵乐静，郭贵春. 美国工业实验室的研究传统及其变迁 [J]. 科学学研究，2003（1）：25-29.

[②] 钟少颖，聂晓伟. 美国联邦国家实验室研究 [M]. 北京：科学出版社，2017：4-5.

一,产生了《实验室生活》《行动中的科学》《物理与人理：对高能物理学家社区的人类学考察》等一系列有影响力的研究成果。近年来,国外学者注重国家实验室类型、目标与特点、基本属性和运行影响因素研究,并从技术转移、内部组织结构、人员培训等方面对国家实验室展开深入的研究。

近年来,学界对发达国家的国家实验室案例研究日渐深入。国外学者注重国家实验室类型、目标与特点、基本属性和运行影响因素的研究。在我国,庄越、夏松、杨少飞、危怀安、樊春良、李侠等倡导借鉴美国等发达国家的实验室建设经验,通过对比分析探寻自我发展的道路。还有部分学者结合美、英、意等国外案例,对国家实验室的人员配置、经费支持、资金来源、组建方式、管理体系等开展研究。房超等回顾我国国家实验室的发展历程,从依托大型科研设施建设若干单体实验室,到建设一批学科综合交叉的试点实验室,再到新时期逐步构建国家实验室体系。① 王江认为数字化国家实验室更有利于大型综合性国家实验室的建设,凝聚优势研究领域集群,为国家实验室体系培育重要的动态创新能力。② 常旭华等分析中国国家实验室及其重大科技基础设施的建设对策。③ 刘开强等提出国家和区域实验室与高校的融合发展路径。④ 戴古月认为科研创新方向的导控机制是实践实验室战略定位的重要一

---

① 房超,班燕君,岳昆.战略突围：中外国家大型科研机构管理创新之路 [M]. 北京：兵器工业出版社,2022：169-170.
② 王江. 国家实验室的数字化转型：多层次视角分析 [J]. 科学管理研究,2022 (5)：77-85.
③ 常旭华,仲东亭. 国家实验室及其重大科技基础设施的管理体系分析 [J]. 中国软科学,2021 (6)：13-22.
④ 刘开强,高亮,王峰. 国家和区域实验室的建设过程中高校的深度融合 [J]. 实验室研究与探索,2022 (1)：153-157,168.

环,"政府导向"和"自由探索"的取舍十分关键。①

与此同时,国内对新型研发机构的理论研究取得新进展。周君璧等将我国新型研发机构分为事业单位、企业单位和社会服务机构3种类型,认为事业单位类新型研发机构适合承担应用基础研发。② 朱常海提出新型研发机构缓解了我国科技供需的空间错配矛盾,增强了我国科研机构的自主性灵活性。③ 孙翔宇等研究发现,目前各省市认定和备案的新型研发机构研发能力和创新水平参差不齐,国家层面亟须设立符合新型研发机构功能特点的政策支持体系和新型法律主体。④ 塞明等梳理了依托科研院所、高校、政府的高能级新型研发机构发展中遇到的瓶颈,发现地方政府的协调效果对研发机构合作稳定性的影响十分重大。⑤ 李拓宇等主张新型研发机构应基于自身条件禀赋,因地制宜设计特色化的人才培养体系,同时高校应积极寻求与新型研发机构在人才培养上实现"互补"。⑥ 于贵芳等认为新型研发机构正在形成知识协同共享场域,应进一步促进多元主体参与。⑦

自2017年以来,随着我国国家实验室建设提速,省实验室建设热

---

① 戴古月,王峰,刘耀虎,等. 国家实验室科研创新方向的导控机制研究 [J]. 科研管理,2023 (6):11-16.

② 周君璧,陈伟,于磊,等. 新型研发机构的不同类型与发展分析 [J]. 中国科技论坛,2021 (7):29-36.

③ 朱常海. 新型研发机构的发展是在解决哪些问题? [J]. 科技中国,2022 (10):37-40.

④ 孙翔宇,王赫然,张志刚,等. 新时期集聚高端创新资源的新平台:我国新型研发机构发展概况 [J]. 中国人才,2023 (8):9-11.

⑤ 塞明,雷祖英,杨皓然. 政府主导型校企共建高能级新型研发机构三方演化博弈分析 [J]. 创新科技,2023,23 (9):13-25.

⑥ 李拓宇,邓勇新,叶民. 新型研发机构创新型人才培养模式构建:基于扎根理论方法的研究 [J]. 高等工程教育研究,2023 (2):70-74.

⑦ 于贵芳,胡贝贝,王海芸. 新型研发机构功能定位的实现机制研究:以北京为例 [J/OL]. 科学学研究,2023 (1):1-15.

潮随之兴起，省实验室建设与运营问题正在引起学界的关注。建立省实验室既要有实体，又需要加快引进科技人才。然而，如何根据人才需求精准引进科技人才、如何优化人才生态提供定制化服务等一系列问题都亟须深入研究。总体上，由于我国省实验室的发展时间不长，相关理论研究还非常薄弱。

另一方面，国内外对人才生态的研究方兴未艾。

1935年，英国生态学家坦斯利（A. G. Tansley）提出"生态系统"概念，此后应用到产业、区域发展、技术创新、创业等领域。在早期，对人才生态的研究主要集中在人才培养方面，此后延伸至不同种群、行业、区域的人才生态，但多聚焦在宏观和中观层面，其中人才生态及人才流动方面的研究相对较多。吴江提出，在创新人才生态的构建上需要具备"韧性治理"的能力建设。樊春良认为，科技自立自强背景下的国家科研机构引才功能凸显，利于厚植城市创新基因。构建激发人才创新活力的生态系统是"四个面向"背景下人才工作的重要内容和核心要义。一个健康的科技创新人才生态应当具有多样性、异质性、互动性和开放性。

总之，国内外学者的前期研究值得学习和借鉴，但仍有进一步拓展的空间。目前对省实验室的研究相对较为薄弱，表现在：国家级实验室研究较多，省实验室研究成果偏少；国际经验借鉴较多，本土案例研究较少；对实验室的"财"与"物"研究较多，而对"人"的研究较少。同时，对科技人才生态的研究还不够深入。偏重于国家、区域、城市等宏观层面，较少剖析中观、微观层面的人才生态，而这将影响国家人才战略落地的"最后一公里"。基于现有理论研究存在的薄弱环节，本研究显得十分必要和迫切。

（三）研究意义

综上所述，本书的研究意义在于以下两方面。

1. 现实意义。我国省实验室科技人才集聚效应还不明显，战略科学家尤为薄弱，青年人才流动过于频繁，人才梯队缺乏顶层设计，服务体系还不完善。因此，本书总结和反思当前我国省实验室人才引进模式，探索加快战略人才力量培育的实施路径，打造科技人才高地，为建设世界科技强国提供有力的人才支撑。以湖北省实验室为重点案例，对标国内外成功的地方实验室科技人才引育经验，为深化人才发展体制机制改革、厚植人才沃土提供参考依据。

2. 理论意义。省实验室是我国科技创新治理实践中探索诞生的"新物种"。本书以省实验室为切面，剖析高水平研发平台的构成要素，研究分布式、多元化治理机制，对科技创新治理理论进行具体的学理阐释。同时，本书提出符合我国省实验室情境的人才生态概念，并运用科技人类学方法研究人才主体，对新时期战略人才研究领域加以拓展，为探索中国式科技人才战略提供新视角。

二、相关研究综述

科技人才是省实验室建设的第一资源。在我国，"人才"概念虽然古已有之，但"人才""科技人才"的广泛使用则是在20世纪70年代末人才学在中国应运而生之后，当时主要使用的是一些与科技人才相近的术语，例如，科学工作者、科技工作者、科学技术工作者、科学人员、科学技术人员、工程技术人员、科学干部、技术干部、科学技术干部、科技干部、科学技术人才等。改革开放后，由于科学统计的需要以及人力资本理论的发展，一些新的术语也用来表示科技人才，如科技人力资源、科技活动人员、研究与发展人员、科学家与工程师、专业技术人员等。以上这些术语有的虽然在使用中等同于科技人才，但事实上在内涵和外延方面仍然存在差异。

从内涵来看，科技人才是指科学技术与人才结合，既具有良好品德，又具备一定科技才能的人。关于科技人才的定义与分类目前尚无统一界定。经济合作与发展组织（OECD）和欧洲统计局共同开发的《堪培拉手册》中，将科技人才界定为在科技领域顺利完成高等教育学习研究的人员，或虽不具备这种学历，但其从事的科技职业正常情况下必须具备这种资格的人员。据原国家教委（现教育部）1982年对全国人才进行预测时的标准，科技人才可以划分为两类群体：一是获得中专以上正规学历人员（不包括高中学历者），二是获得技术员及技术员以上专业技术职称人员。① 目前来看，这种界定已不适应新世纪中国和国际科技发展水平。张国初借鉴欧盟科技人力资源度量标准，认为科技人才指大专及以上学历的劳动者，或者虽然不具备大专及以上学历，但从事科技相关职业、具有中级及以上职称的劳动者、建设者。② 单士甫将科技人才定义为在科学技术领域为增加知识总量（包括人类文化和社会知识的总量），以及运用这些知识去创造新的应用进行系统创造性活动的人，统计上用试验与发展人员（R&D人员）代替，包括基础研究、应用研究、试验发展三种活动类型。③

近年来，国内外以科技人才为对象的研究已经取得了一定成果，在社会层面、个体层面、组织层面已形成了稳定的研究领域。其中，战略科技人才成为其中的一个研究热点。战略科技人才是新发展格局对科技人才提出的新要求，战略科技人才应该德才兼备，以德为先，同时注重科学与实践相结合。战略科技人才从事的是重大战略问题研究，讨论的是国计民生的重大科学问题，关心的是未来科技人才的培育，探索的是

---

① 中国科学技术协会调研宣传部，中国科学技术协会发展研究中心．中国科技人力资源发展研究报告［M］．北京：中国科学技术出版社，2008：18.
② 张国初．关于科技人才、高技能人才相关内涵的探讨［J］．北京观察，2008（2）：42-44.
③ 单士甫．我国科技人才集聚对区域创新产出的影响研究［D］．北京：首都经济贸易大学，2020.

可持续发展的共性紧迫问题。战略科技人才是那些能够做出引领一个时代重大开创性成果的人才。战略科学家和战略科技人才是在各团队持续攻坚克难的创新实践中涌现出来的具有世界一流水平、能够准确研判国际国内科技发展趋势、切实发挥大兵团作战组织领导作用、领衔完成国家重大科技任务的科学家。①

  2021年，中央人才工作会议提出"加快建设国家战略人才力量，实现高水平科技自立自强的使命任务"。战略科学家、一流科技领军人才和创新团队、青年科技人才、卓越工程师、高技能人才构成了国家战略人才力量体系的主体部分。战略科学家是科学帅才，是国家战略人才力量中的"关键少数"。他们具有深厚科学素养、长期奋战在科研第一线，视野开阔，具备前瞻性判断力、跨学科理解能力、大兵团作战组织领导能力强的特征，能够把握方向，具有战略前瞻性和系统思维。科技领军人才与创新团队是高技术领域的主力军，是解决"卡脖子"关键核心技术攻关的人才。他们善于将科学技术问题进行分解并实现关键技术突破，有力实现我国关键核心技术的自主可控。青年科技人才是国家战略人才力量的源头活水，是国家战略人才的坚实底座。他们经过能力的提升、眼界的拓展、创新团队合作意识的培养、"挑大梁、当主角"的历练，将有可能成为科技领军人才与创新团队，有可能成长为高技能人才、卓越工程师，具备在更高的能力素养条件下，经历重大的实践锻炼成长为战略科学家。卓越工程师是敬业奉献、具有突出技术创新能力、善于解决复杂工程问题的科技人才。卓越工程师有显著的创新性，他们在应对更为复杂的工程问题时能够优于"固有方法"，具有开创总结技术要诀的能力，不止步于解决常见技术问题，设计一般的技术产

---

① 芮绍炜，康琪，操友根. 科技自立自强背景下加强战略科技人才培养与梯队建设研究：基于上海实践［J］. 中国科技论坛，2023（9）：28-37.

品。高技能人才具有高超技艺和精湛技能，是我国人才队伍的重要组成部分。① 在以往研究中，虽然诸多学者围绕推进国家实验室体系建设产出了相关研究文献，但缺乏对研究成果的总结与梳理，对该研究现状与发展态势的认识还较为模糊。同时，省实验室发展时间不长，在管理水平方面与发达国家存在一定的差距。② 因此，以文献计量分析为研究方法，了解国内外实验室人才领域文献的基本情况，探寻当前实验室人才研究的知识体系和结构特征，梳理研究主题，为省实验室科技人才研究提供参考。

通过梳理发现，在国外，尽管尚无省实验室研究文献，但对于国家实验室的研究却有较深积淀，相关研究主要集中在实验室类型、目标与特点等基本属性。例如，博兹曼（Bozeman）等③以"政府影响"和"市场影响"程度二维向量将美国国家实验室划分为9类，希夫（Schiff）④在梳理已有国家实验室运行经验的基础上将其目标定位于"满足国家战略"，哈特利（Hartley）⑤将国家实验室的特点总结为系统性、战略性、综合性、宏观性等。近年来，乔丹（Jordan）等⑥提出影响国家实验室有效运行的影响因素，包括公平且精心策划的资源配置、清晰且富有兴趣的研究方向、国家战略需求、竞争、文化等。

---

① 石磊. 奋力建设国家战略人才"金字塔" [J]. 经济, 2023 (12): 33-35.
② 代欣玲, 彭小兵, 王京雷. 中国情境下创新人才培养政策的文献计量分析 [J]. 科研管理, 2022, 43 (3): 27-36.
③ BOZEMAN B, CROW M. The Environments of U. S. R&D laboratories: Political and Market Influences [J]. Policy Sciences, 1990, 23 (1): 25-56.
④ SCHIFF S H. Future Missions for the National Laboratories [J]. Issues in Science and Technology, 1995, 12 (1): 28-30.
⑤ HARTLEY D. The Future of the National Laboratories [EB/OL]. OSTI, 1997-12-31.
⑥ JORDAN G B, STREIT L D, BINKLEY J S. Assessing and Improving the Effectiveness of National Research Laboratories [J]. IEEE Transactions on Engineering Management, 2003, 50 (2): 228-235.

在国内，关于实验室人才的研究也在渐次增多。以 CNKI 中的 CSSCI（中国社会科学引文索引）期刊与北大核心期刊数据库作为文献选取的范围，以"实验室人才"为检索词，以 2021 年 12 月为发文截止时间进行文献检索，检索到 1156 条文献记录。通过剔除会议综述、书评访谈、人才招聘信息等非研究性论文，共筛选出 792 条文献记录。研究中，主要使用文献计量分析方法与知识图谱，为探寻实验室人才研究综述提供有效工具。[①]

（一）发文的时空分析

1. 发文数量时序分析

如图 1-1，1992—2021 年实验室人才研究演进主要经历了 3 个阶段，分别是起步期、加速期和平稳期。2000 年以前为该领域研究的起步阶段，发文数量以个位数为主。在 2000—2010 年间，该领域的发文量处于高速增长期，并且从 2002 年开始，该领域的发文量开始进入两位数的增长期，中间虽然有小幅波动，但总体上呈上升状态。这一期间的发文数量占总成果数量的 45.96%，与这一时期我国科技创新能力持续提升的状态相契合。相较于前一阶段，2010 年到 2021 年间的发文量明显有所下降，但仍保持在每年 26 篇以上，并且从 2014 后，该领域每年的发文数量差异较小，发展相对平稳。

此外，从图 1-1 国内实验室人才研究每年累计发文数量的指数函数拟合程度来看，R^2 为 0.9525，即实验室人才研究累计发文数量增长近似指数型增长。这一趋势说明，近年来，由于加快引进和培育世界一流科技人才是建设高能级、新机制国家实验室的关键，与此相关的人才研究正成为学术界关注的热点。

---

① 赵曙明，张紫滕，陈万思. 新中国 70 年中国情境下人力资源管理研究知识图谱及展望 [J]. 经济管理，2019，41（7）：190-208.

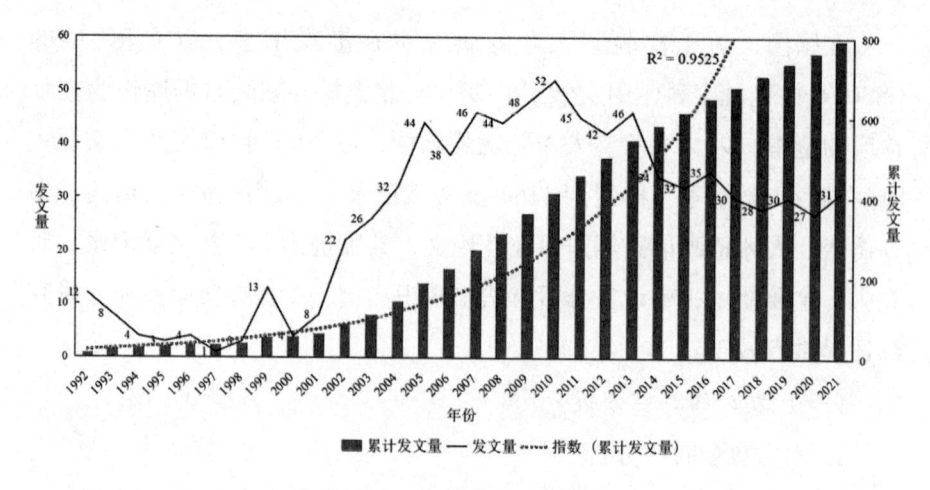

图1-1　相关研究发文趋势

2. 研究机构分析

1992—2021年间，实验室人才的研究机构主要涉及高校与研究所，其中，上海交通大学、天津大学、华中科技大学、北京大学等高校的发文量相对较多，表明当前关注实验室人才的组织较少，且大多集中在北京、上海、武汉、天津等综合实力相对发达地区的高校中（图1-2）。在合作研究方面，高校研究对象大多以自身所在高校的实验室人才为研究对象，高校与外部组织的合作较少。可见，高校、企业与研究所等在实验室人才引进、培养与管理等方面的作用还有待提升。

3. 发文作者分析

本课题检索的792篇文献共有982位作者。其中，发文较多的前5位作者分别是危怀安（6篇）、张春平（5篇）、戴克林（4篇）、郭亚军（4篇）、张向前（4篇）；发文量2篇及以上的作者共有146位。依据普莱斯定律来计算核心作者 $m \approx 0.749\sqrt{n_{max}}$（m是核心作者中发文最低数值，$n_{max}$是所有作者中发文量最大数值），计算得到核心作者最低发文数 $m \approx 1.83$。由此推测，实验室人才研究中发文2篇即可被认定为核心作者,这也说明该研究领域还未形成核心作者群。从作者合作网络图(图1-3)也可以看出,虽然部分作者之间有合作,但国内实验室人才研究作者合著网络密度值为0.0015,作者间的合作关系并不密切。

(二)研究主题分析

通过对792篇实验室人才文献的关键词进行共现分析可以发现(见表1-1),就关键词出现的次数而言,人才培养、实验教学、创新人才等关键词出现频次最高,分别达到124次、55次和44次,均代表了实验室人才的热点话题。这与我国当前科技创新发展态势下重视科技人才的趋势基本契合。

表1-1 关键词频率与中心性

序号	关键词	频次	中心性	序号	关键词	频次	中心性
1	人才培养	124	0.34	10	管理体制	14	0.01
2	实验教学	55	0.08	11	实践教学	14	0.04
3	创新人才	44	0.17	12	创新	13	0.02
4	实验室	36	0.13	13	科技人才	12	0.00
5	管理模式	21	0.06	14	运行机制	10	0.01
6	创新能力	20	0.07	15	高校	10	0.01
7	教学改革	18	0.00	16	人才队伍	8	0.04
8	预测	16	0.04	17	培养模式	8	0.05
9	人才创新	15	0.09	18	发展战略	8	0.07

为了进一步考察实验室人才相关研究热点的知识结构,本文采用关键词聚类分析,在Citespace软件中进行如下参数设置:Years Per Slice =1,Node Types = Keyword,TopN = 50,Pathfinder。进而绘制出1992—

2021年关键词的聚类可视化图谱（见图1-4）。其中，Q值=0.8157（大于0.3），S值=0.9346（大于0.5），说明此聚类视图是显著且合理的。

从关键词聚类视图来看，实验室人才研究形成了人才培养、创新人才、实验教学、实验室、人才需求、人才、管理模式、发展战略、需求预测、创新能力、人力资源等13个聚类群。通过整理聚类群信息，并结合样本文献的内容发现，实验室人才的研究热点主要聚焦实验室人才培养及其模式构建研究、国内外实验室建设比较分析与实验室管理模式研究、实验室人才队伍建设与人才引进研究、实验室人才供需预测研究、实验室人才发展战略研究5个主题。

1. 实验室人才培养及模式构建研究

实验室不仅是科技创新的平台，还是人才培养的摇篮。① 通过进一步的文献研究，现有关于实验室人才培养的研究内容大致可划分为以下两点：一是强调实验室人才培养的重要性。例如，李辉等详细分析了国家重点实验室在创新人才培养方面的作用②，杨鹏跃等强调了国家重点实验室学科建设与领军人才培养的重要性③。近年来，在实验室高水平科研队伍、前沿科研成果、日常学术交流所营造的科研氛围中，以研究生为主体的高校实验室人才队伍逐渐发展起来。同时，部分学者开始关注高校实验室在科技创新及人才培养中发挥的作用④，对高校实验室人才培养模式的探讨起到了推动作用。二是构建实验室人才培养模式。由

---

① 寇明婷，邵含清，杨媛棋. 国家实验室经费配置与管理机制研究：美国的经验与启示 [J]. 科研管理，2020，41（6）：280-288.
② 李辉，杨坤德，段顺利，等. 海洋声学信息感知实验室海洋声学实验与人才培养 [J]. 实验技术与管理，2021，38（1）：17-20.
③ 杨鹏跃，朱蕾，张雪燕. 对国家重点实验室学科建设与领军人才培养的探索 [J]. 研究与发展管理，2014，26（2）：139-142.
④ 吕磊，罗海峰，谢伟，等. 高校重点实验室创新人才培养模式探索与实践 [J]. 实验室研究与探索，2021，40（7）：249-253.

于国家重点实验室在人才培养与科技创新中的突出地位，国家重点实验室人才的培养模式备受关注。张静一和刘梦以汽车安全与节能国家重点实验室为例，分别探讨了学术带头人、青年学术骨干、博士后与研究生等国家重点实验室人才的培养模式。① 此外，管文洁等以能源清洁利用国家重点实验室为例，提出了"平台搭建—实践培养—国际交流"的持续动态良性人才培养模式。②

2. 国内外实验室建设比较分析与实验室管理模式研究

实验室的方向指引、仪器和设备共享、数据和软件支撑等建设内容能够影响实验室人才创新能力。③ 但是，目前国内国家实验室建设处于起步阶段④，相关的建设经验较为缺乏。因此，部分学者倡导借鉴国外经验，通过分析国外实验室建设过程⑤，或是对比分析国内外实验建设内容⑥，来探寻自我发展的道路。目前，关于中美国家实验室建设的比较研究相对丰富。

在早期的对比研究中，一些学者对中美国家实验室的目标定位、发展现状、地位、学科分布等内容进行了比较。⑦ 随着研究的深入，有学者发现中美国家实验室在人员配置、经费支持、资金来源、组建方式、

---

① 张静一，刘梦. 凝聚、吸引、培养：论国家重点实验室人才培养［J］. 科研管理，2020（7）：271-274.
② 管文洁，骆仲泱. 国家重点实验室服务国际化人才培养的探索与实践：以能源清洁利用国家重点实验室为例［J］. 高等工程教育研究，2019（S1）：273-275.
③ 鲁世林，杨希. 高层次人才对青年教师的科研产出有何影响：基于45所国家重点实验室的实证研究［J］. 中国高教研究，2019（12）：84-90，98.
④ 王春安，危紫翼，杨茜，等. 国外先进实验室人员配置与经费情况对我国实验室建设运行的启示［J］. 实验技术与管理，2021，38（12）：243-248，282.
⑤ 聂继凯，危怀安. 国家实验室建设过程及关键因子作用机理研究：以美国能源部17所国家实验室为例［J］. 科学学与科学技术管理，2015，36（10）：50-58.
⑥ 庄越，叶一军. 我国国家重点实验室与美国国家实验室建设及管理的比较研究［J］. 科学学与科学技术管理，2003（12）：21-24.
⑦ 杨少飞，许为民. 我国国家重点实验室与美国的国家实验室管理模式比较研究［J］. 自然辩证法研究，2005（5）：64-68.

人才引进等建设与管理上也存在差异①，为国内实验室建设提供了新的启示。具体地，在对比分析的基础上，骆严针对武汉在建设国家实验室方面的基础与挑战，从战略定位、发展目标、功能设置、运行机制、实施保障等方面提出建议②；寇明婷从财务管理视角提出，国家实验室经费配置应采用弹性制经费分配模式，遵循以任务为导向的原则，以提高经费配置效率。

3. 实验室人才队伍建设与人才引进研究

人才队伍是影响研究投入产出效率的主要因素。③ 相关研究表明，国内实验室人才队伍建设主要存在以下两方面的问题：一是实验室人才制度不完善。以高校实验室师资队伍为例，目前国内的高校实验室师资队伍建设存在定职不合理、奖励政策不完善与师资培训困难等问题。④二是实验室人才结构不合理。以国家重点实验室为例，有学者发现国家重点实验室人才层次分布还存在一些问题，具体表现为缺乏具有较高影响和知名度的领军人物，缺乏具有较高学术造诣和影响力的青年拔尖人才与专业的实验室技术工作人员。⑤ 针对以上两个问题，学者们从思想建设、绩效考核与激励等实验室管理方面，以及人才引进、人才扶植、人才培养等方面提出具体对策。⑥

---

① 聂继凯，石雨. 中美国家实验室的发展历程比较与启示［J］. 实验室研究与探索，2021，40（5）：144-150.
② 骆严. 武汉国家实验室筹建与国内外经验借鉴［J］. 实验室研究与探索，2021，40（2）：155-158，190.
③ 赵晓萌，周俊杰，陈钰莹，等. 不同投入产出评估导向下的广东省重点实验室运行效率研究［J］. 科技管理研究，2021，41（15）：74-80.
④ 沈中辉. 高校重点实验室建设与创新型人才队伍建设研究［J］. 实验技术与管理，2019，36（2）：283-284，288.
⑤ 彭跃辉. 以评促建 加强国家重点实验室人才队伍建设：从新能源电力系统国家重点实验室评估谈起［J］. 中国高校科技，2014（Z1）：67-68.
⑥ 孙强，杜冰清，江姣姣. 高校实验室管理机制与人才队伍建设的探讨［J］. 实验技术与管理，2016，33（3）：245-247.

其中，在人才引进方面：一是实验室领军人才的引进。学者认为应引进本领域内最急需、最适合的学科领军人才，有针对性地进行引进工作，并从资金、个体生活、人才核心团队、人才内部培养以及人才引进中介等方面提供全方位的支持。① 二是青年人才的引进。实验室优秀青年人才的引进需要关注人才在工作自主性、研究方向匹配度、科研合作氛围等方面的需求，推动人才政策从关注物质性的短期投入向重视青年人才学术职业发展软环境建设的方面转变。② 此外，学者们还探究了相关的人才引进政策等。③

4. 实验室人才供需预测研究

目前，以实验室人才为研究对象的供需预测相对缺乏，并且大多分散在科技人才、高科技人才的供需预测研究中。在供给预测方面，少数学者结合灰色系统理论、反馈控制的理论和方法预测了组织内部的科技人才供给。例如，史荣等提出基于反馈控制的理论和方法，从人员变动、职位晋升、人员离退休等因素来建构供给预测模型。④ 王建玲等运用灰色系统的GM（1,1）模型，根据社会经济发展规划与科技人才发展规律构建系统内部约束条件来预测科技创新人才的供给量。⑤ 在需求预测方面，常见预测方法有基于时间序列法的预测、基于回归分析法的预测、基于灰色系统法的预测、基于组合模型的预测四种。随着研究的深

---

① 郝玉明，张雅臻. 完善科技领军人才分类支持政策建议：基于7个发达省市22项政策的文本分析[J]. 行政管理改革，2021（9）：76-84.
② 黄亚婷，王雅，钱晗欣. 高校青年引进人才的科研产出如何"提质增效"？——基于混合研究方法的实证分析[J]. 宏观质量研究，2022，10（1）：70-82.
③ 李锡元，边双英，张文娟. 高层次人才政策效能评估：以东湖新技术产业开发区为例[J]. 科技进步与对策，2014，31（21）：114-119.
④ 史容，汪波，徐君群. 基于反馈控制方法的科技人才供给预测和结构优化[J]. 科技管理研究，2009，29（5）：354-356.
⑤ 王建玲，刘思峰，邱广华，等. 苏州市科技创新人才建设现状及供给预测研究[J]. 科技进步与对策，2010，27（12）：141-144.

入，学者们开始突破传统的预测模型。有的改进已有预测模型。例如，新陈代谢的 GM（1，1）则是对 GM（1，1）模型的改进，提高了模型预测的精确度。① 还有的结合跨学科、跨领域的知识与理论，引入新的预测方法。例如，将 BP 人工神经网络模型应用到人才预测领域。②

5. 实验室人才发展战略研究

新时代人才强国战略是关于中国建设世界人才强国的全局性、长远性、系统性战略思考和安排。③ 实验室人才发展战略是对人才培养、吸引和使用做出的重大的、全局性构想与安排，关系到科技、经济与社会的发展。在宏观层面，世界各国和地区对人才采用了不同的发展战略和模式，具体包括教育发展模式、经济带动模式、政策导向模式、科技带动模式、协调互动模式。④ 在微观层面，不同领域与不同层次的人才发展战略应当遵循该领域与相应层次的人才特点与人才自身发展规律。具体地，在科技领域方面，大数据、云计算、物联网、移动互联网、人工智能、区块链等为代表的先进信息技术领域与能源生产、传输、存储、消费以及能源市场等环节深度融合⑤，相关领域的人才培养、引进、使用与评价等战略安排也将成为国内实验室人才发展战略与科技人力资源研究者们关注的重点⑥。在人才层次方面，对于顶级科技人才，应以完

---

① 胡峰，陆丽娜，黄斌，等．江苏省高技术产业人才需求预测研究：基于改进的新陈代谢 GM（1，1）模型［J］．科技管理研究，2018，38（16）：57-62.
② 杨俊生，薛勇军．基于 BP 人工神经网络模型的东盟自由贸易区人才需求趋势预测：兼议云南省的应对措施［J］．学术探索，2014（4）：83-87.
③ 孙锐．新时代人才强国战略的内在逻辑、核心构架与战略举措［J］．人民论坛学术前沿，2021（24）：14-23.
④ 王志田，韩金远，刘海英．人才发展战略模式探讨［J］．中国科技论坛，2003（3）：125-128.
⑤ 邓子立．全球竞争格局下的日本科技人才发展战略及经验启示［J］．中国科技人才，2021（2）：46-57.
⑥ 严霞．为人工智能发展储备更多战略型人才［J］．人民论坛，2018（16）：126-127.

善机制、集聚优势为重点,抓住培养、吸引和用人三个环节①;对于中青年科技人员,科技部牵头印发的《加强"从0到1"基础研究工作方案》提出"实施青年科学家长期项目,支持一批30~40岁优秀青年科学家,瞄准重大原创性基础前沿和关键核心技术的科学问题开展基础研究"。

(三)研究述评

综上所述,学界对于省实验室的研究才刚起步,相关文献寥若晨星。同时,尽管在科技人才方面有较多的研究,但尚无省实验室科技人才的研究成果。而随着省实验室发展,对于"何为省实验室""如何建设省实验室""如何依托省实验室聚集科技人才"等问题日渐关切,因此本书具有理论意义与应用价值,需重点关注以下研究主题:第一,挖掘国内外实验室建设管理的差异,跟踪发达国家实验室科技人才研究动态。第二,以科技人才生态为视角,探求省实验室科技人才队伍建设问题的解决机制,拓宽实验室科技人才队伍研究领域。第三,开展省实验室科技人才需求预测研究,努力破解省实验室科技人才供需之困。第四,加强省实验室科技人才发展战略研究,为省实验室发展提质增效提供人才支撑。

三、研究思路与研究方法

本书研究思路是以我国省实验室为研究对象,以科技人才集聚为视角,按照"提出问题→分析问题→解决问题"的研究思路,基于"识才—引才—育才—聚才—留才"5个关键环节,由远及近、从宏观到微观、从抽象到具体,基于湖北省实验室实证分析,围绕打造全国科技人

---

① 谭立刚,彭炳忠,周文燕.湖南顶级科技人才发展战略研究[J].科技进步与对策,2004(8):91-92.

才高地，提出促进省实验室科技人才集聚的思路、目标、任务与保障措施（图1-2）。

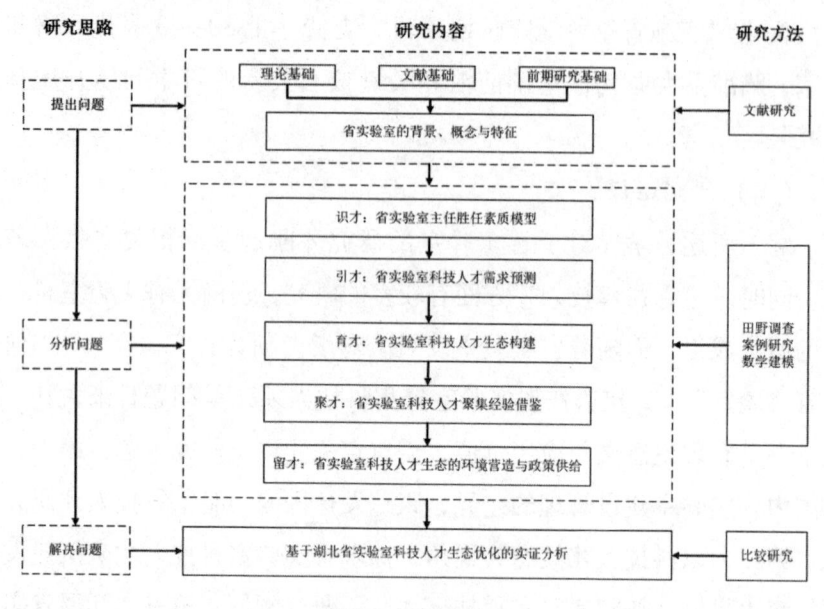

```
研究思路              研究内容                        研究方法

┌─────────┐   ┌─────────────────────────────────┐   ┌─────────┐
│ 提出问题 │──▶│ 理论基础   文献基础   前期研究基础 │◀──│ 文献研究 │
└─────────┘   │      省实验室的背景、概念与特征    │   └─────────┘
              └─────────────────────────────────┘

              ┌─────────────────────────────────┐
              │  识才：省实验室主任胜任素质模型    │
              │                                 │
┌─────────┐   │  引才：省实验室科技人才需求预测    │   ┌─────────┐
│ 分析问题 │──▶│                                 │◀──│ 田野调查 │
└─────────┘   │  育才：省实验室科技人才生态构建    │   │ 案例研究 │
              │                                 │   │ 数学建模 │
              │  聚才：省实验室科技人才聚集经验借鉴 │   └─────────┘
              │                                 │
              │ 留才：省实验室科技人才生态的环境营造与政策供给 │
              └─────────────────────────────────┘

┌─────────┐   ┌─────────────────────────────────┐   ┌─────────┐
│ 解决问题 │──▶│ 基于湖北省实验室科技人才生态优化的实证分析 │◀──│ 比较研究 │
└─────────┘   └─────────────────────────────────┘   └─────────┘
```

图1-2　研究思路

本书主要运用文献研究、田野调查、案例研究、数学建模、比较研究等研究方法。

1. 文献研究。笔者进入国内外100多家地方性实验室官网查阅实时资料，获取有价值的报道、文件、研究报告等，在此基础上进行数据统计，梳理省实验室产生背景、主要特征与发展态势。

2. 田野调查。围绕省实验室建设与科技人才集聚，对广东省深圳湾实验室、季华实验室、松山湖实验室、仙湖实验室，浙江省之江实验室、天目山实验室，江苏省紫金山实验室，山东省八角湾实验室，四川省天府实验室，湖北省光谷实验室、珞珈实验室、洪山实验室、九峰山实验室、江城实验室、江夏实验室、三峡实验室、隆中实验室等30余家省实验室进行调研,总结省实验室科技人才集聚的经验模式,分析省实验室科技人才发展现状及问题。

3. 案例研究。通过对之江实验室实地观察,收集大量一手资料,并以该实验室为案例分析省实验室科技人才生态因子及其作用。同时,对广东、浙江、江苏、山东、湖北、安徽、四川等开展跨区域多案例研究,为制定省实验室科技人才队伍建设方案与经费投入提供参考依据。

4. 数学建模。在文本分析的基础上,通过BP神经网络模型,借助MATLAB软件对省实验室科技人才需求进行预测,为省实验室科技人才集聚与队伍建设提供科学预测工具和基础性数据。

四、研究内容及创新点

本书主要内容包括以下9个部分。

第一章:绪论。主要阐述研究背景与意义,并对省实验室相关文献进行综述,在已有文献基础上提出研究思路、研究内容与基本框架。

第二章:省实验室背景、概念与特征。基于省实验室与国家实验室、省级以上重点实验室等研究机构的区别与联系,对省实验室的概念进行辨析与界定,分析省实验室的主要特征,研判省实验室发展趋势与积极意义,为省实验室科技人才队伍建设奠定理论基础。

第三章:省实验室主任胜任力素质模型。以省实验室主任为研究对象,在文献归纳与数据抓取的基础上,运用文本内容分析与编码等方法构建省实验室主任胜任模型。在此基础上,通过对比分析国内外实验室对室主任的遴选标准与方法,基于我国10家省实验室主任的履职状况,提出进一步提升省实验室主任素质能力的对策与建议,以期为省实验室主任的遴选提供借鉴。

第四章:省实验室科技人才需求预测。基于省实验室科技人才需求的影响因素,结合文本分析法获取授权专利数量、固定资产投资、各项经费之和、制度数量等关键指标，通过 BP 神经网络模型，借助 MAT-LAB 软件对省实验室科技人才需求进行预测，为省实验室科技人才队伍建设提供科学预测工具和基础性数据。

第五章：省实验室科技人才生态建构。以国内有代表性的省实验室——之江实验室为案例，梳理省实验室建设背景与历程，分析省实验室科技人才生态的建构过程。结合之江实验室实地观察和访谈资料，提出影响省实验室科技人才集聚的科研设施、项目经费、人才团队、组织文化、体制机制 5 个生态因子，分析生态因子对省实验室科技人才集聚的作用机理，为省实验室科技人才生态建构与治理机制优化提供经验支撑。

第六章：省实验室科技人才生态的环境营造。运用文献研究法，结合对案例现场的实地观察和访谈资料，围绕省实验室的命名、选址、空间规划、设施配置四个维度，分析我国省实验室科技人才生态的环境营造模式。

第七章：省实验室科技人才生态的政策供给。基于全国 2017—2023 年 58 份省实验室政策文本，运用内容分析法构建省实验室六维度框架，分析省实验室政策的发文主体、支持对象、政策目标、支持维度、支持方式、支持强度等具体特征，为我国省实验室公共政策的优化提供对策建议。

第八章：省实验室科技人才集聚模式经验借鉴。以美国博德研究所、比利时微电子研究中心、江苏省紫金山实验室、浙江省之江实验室、广东省季华实验室等国内外知名实验室科技人才集聚案例为借鉴，总结提炼经验模式，分析我国省实验室科技人才集聚态势。

第九章：基于湖北省实验室科技人才生态优化的实证分析。以湖北省为实证，从省实验室的人才规模、平台、层次、结构等不同维度，评价省实验室科技人才队伍现状，分析影响省实验室科技人才队伍建设存在的突出问题。结合省实验室的外部环境分析，厘清省实验室科技人才队伍建设的总体思路，提出优化省实验室科技人才生态、加快科技人才集聚并推进省实验室提质增效的目标、重点任务与保障措施。

本书主要创新点体现在三方面。

1. 预测省实验室科技人才需求量。通过 BP 神经网络模型，借助 MATLAB 软件对省实验室科技人才需求进行预测，为省实验室科技人才队伍建设提供科学预测工具。

2. 提出省实验室科技人才生态因子。提出省实验室科技人才生态的五个关键因子，并分析其对科技人才引育的作用机理，为省实验室科技人才生态建构与治理机制优化提供经验支撑。

3. 结合科技人才生态优化目标，提出基于科技人才集聚的省实验室提质增效实施方案。立足湖北实际，围绕打造全国有影响力的科技创新中心和科技人才高地，提出促进省实验室科技人才集聚策略，包括实施"1235"引才工程，打造"4+N"育人平台，探索"科技人才特区"新型用人机制和优化"居、学、医、评"服务体系等四大重点任务。

第二章

省实验室的背景、概念与特征

实验室英文单词为 laboratory，《牛津英语词典》将其释义为：一种用于研究、实验与测试的场所或建筑。另据《汉语大词典》的解释，实验室是专供在自然科学的任一学科领域内进行实验研究的场所。

历史上，伴随世界科学中心的转移，实验室经历了从"教学实验室"到"工业实验室"再到"国家实验室"的嬗变。1664 年成立的英国皇家学会是第一个科学家组织，首次明确指出科学是探索自然规律的实验与观察活动，也被称为"无形学院"。受此影响，1666 年建立的法国科学院是在国家支持下独立的科学研究机构，科学地专门化地推动了科学事业的发展。不难看出，在英、法时期，实验室还处于萌芽阶段。19 世纪世界科学中心转移到德国，随着大学的创办及科学活动的职业化，教学实验室相继设立，如 1827 年德国吉森大学成立的化学实验室，1833 年在柏林大学成立的解剖学与生理学实验室，等等。19 世纪末美国的工业实验室开始发展，最著名的是 1876 年爱迪生创办的实验室，接着贝尔实验室、通用电器公司相继成立实验室。同时，国家直接管理的大型科学实验室兴起，如隶属美国农业部的美国农业研究中心在 1950 年科研人员达到 2000 名。[①] 随着"大科学"时代来临，科学活动

---

① 刘珺珺. 科学社会学 [M]. 上海：上海科技教育出版社，2009：91-110.

成为大规模、有分工、有组织的集体合作事业。在此背景下，国家实验室逐渐兴盛起来。

近年来，随着国家实验室建设提速，我国省实验室建设热潮随之兴起。据有关资料统计，截至2022年年底，全国已有广东、浙江、江苏、安徽、湖北等23个省（直辖市、自治区）设立了121家省实验室，其中一部分已纳入国家实验室建设体系。当前，省实验室作为在实践中诞生的"新物种"，成为学术界关注的焦点。总体上，国内"省实验室"研究呈方兴未艾之势。然而，目前对省实验室的概念尚未形成共识，以致省实验室与省重点实验室等混淆，亟须对省实验室的概念加以界定。同时，由于我国省实验室发展较快，对其规模、现状、特征等也需及时统计和归纳，便于决策者参考。总之，省实验室因何而来、将向何处去、有哪些深远意义、如何提质增效等，亟须深入研究。

一、省实验室产生背景

在我国，省实验室的产生与国家实验室建设提速和新型研发机构的兴起有关，其发展过程经历了三个阶段。

1. 孕育期（2003—2017）：国家战略布局与地方层面的长期探索为省实验室诞生播下种子。一方面，国家层面筹建一批国家实验室，后因故组建为国家研究中心，被纳入国家重点实验室管理。在此时期，从中央到地方创办国家实验室的强烈愿望，为省实验室的组建奠定了思想基础。另一方面，地方层面的工研院、产业技术研究院、创新联合体等新型研发机构大量兴起，尤其在广东、江苏等发达地区形成了诸多新机制、新经验，为省实验室的诞生创造了条件。

2. 成长期（2017—2019）：加快建设国家实验室成为省实验室诞生的催化剂。2017年3月，中共中央、国务院印发《国家实验室组建方案（试行）》并推进国家实验室组建。2017年9月6日，由浙江省人民政府、浙江大学、阿里巴巴集团共同举办的浙江省之江实验室挂牌成立，这是我国第一家正式成立的省实验室。此后，上海张江实验室、广州生物岛实验室等省实验室相继成立。2018年4月，广东省首批4家省实验室举行揭牌仪式，省实验室由"试点"进入推广阶段。广东举全省之力，出台《广东省实验室建设管理办法（试行）》和《广东省实验室建设省级财政投入资金管理办法（试行）》，为省实验室建设提供了有效的制度保障。

3. 发展期（2020年至今）：江苏、安徽、湖北、河南、山东、四川、天津、湖南等地竞相成立省实验室，一股省实验室建设热潮在全国掀起。

省实验室建设是中国特色自主创新道路的重要内容，是地方政府响应国家战略需求、提升发展新动能的战略选择。省实验室科技人才聚集是国家所需、地方所愿、人才所向，具有历史的必然性。

（一）国家重大科技战略需求是省实验室建设的直接动因

早在20世纪80年代，我国就有国家实验室的探索和实践，但大多数国家实验室一"筹"莫展。[①] 进入新世纪以来，随着科教兴国战略的不断深入，国家高度重视国家实验室建设，并将其作为提升科技能力的重要战略手段和抢占科研竞争制高点的重要战略举措。2015年11月，习近平总书记在关于《中共中央关于制定国民经济和社会发展第十三个五年规划的建议》的说明中首次提出要以国家目标和战略需求为导向，瞄准国际科技前沿，布局一批体量更大、学科交叉融合、综合集成的国家实验室。此后，总书记又多次强调要抓紧布局国家实验室，重组国家实验室体系。2017年3月，中共中央、国务院印发《国家实验室

---

① 寇明婷，邵含清，杨媛棋. 国家实验室经费配置与管理机制研究：美国的经验与启示［J］. 科研管理，2020，41（6）：280-288.

组建方案（试行）》，标志着大力推进国家实验室建设进入重要议事日程。2020年，国家"十四五"规划提出，要强化国家战略科技力量，推进国家实验室建设，重组国家重点实验室体系。在此背景下，各地瞄准国家实验室创建目标，以任务目标实现为导向和统领，跨部门、跨区域、跨学科组建科研攻关"国家队"。

（二）地方创新驱动发展的迫切意愿为省实验室建设推波助澜

各地基于转型升级、培育战略性新兴产业的需要，将省实验室建设列为政府"一号工程"。例如，广东省在2020年政府工作报告中12次提及省实验室建设，已累计投资600多亿元布局建设10家省实验室。[①]浙江省围绕"互联网+"、生命健康和新材料三大科创高地，首批启动之江、湖畔、良渚、西湖4家省实验室，目前已完成十大省实验室战略布局。四川省积极打造四大天府实验室。山东省为推进高水平创新型省建设，首批挂牌济南粒子科学与应用技术省实验室等5家省实验室。湖南、河南、山西、天津、福建、广西、陕西、海南等地也积极创建省实验室。

（三）各地"人才新政"为省实验室建设提供了基础条件

近年来，各地为加快打造创新人才高地，先后密集出台人才政策，为省实验室建设提供人才保障。据部分政府部门网站资料，可见省级人才政策体系不断完善，含金量不断提高（表2-1）。例如，浙江省提出做好政策、平台、技术、人才"四篇文章"，高水平招引人才、培育人才、用好人才、服务人才。广东省提出实施战略人才锻造工程、人才培养强基工程、人才引进提质工程、人才体制改革工程、人才生态优化工程"五大工程"，更大力度、更加精准地引进高层次人才团队。此外，

---

① 林振亮，陈锡强，张祥宇，等. 美国国家实验室使命及管理运行模式对广东省实验室建设的启示[J]. 科技管理研究，2020，40（19）：48-56.

江苏省实施"万名博士后聚集计划",安徽省制定"人才优先支持政策"35条等。显然,各地"人才新政"为省实验室科技人才聚集提供了优良条件。

表 2-1　省级层面科技人才政策(2020—2023)

省份	新近出台的人才政策文件
广东	出台《关于强化我省制造业高质量发展人才支撑的意见》等文件,提出围绕人才实施"五大工程"
上海	出台《关于新时代上海实施人才引领发展战略的若干意见》等文件,实施"人才引进新政"
江苏	实施《江苏省高层次创业创新人才引进计划》、开展"推进新时代人才工作十大专项行动"
安徽	发布《安徽省双招双引支持实体经济发展政策清单》,包括"人才优先支持政策"35条
湖南	发布《"三尖"创新人才工程实施方案(2022—2025)》,聚焦顶尖、拔尖、荷尖"三尖"人才
福建	出台《福建省高层次人才认定和支持办法(试行)》
浙江	实施《浙江省高层次人才特殊支持计划》《浙江省高层次创新型人才职称"直通车"评审办法》
山东	制定《山东省高层次人才服务规范》《山东省高层次人才服务绿色通道规定》等
河南	发布《河南省高层次人才认定和支持办法》《高层次人才职称"评聘绿色通道"实施细则》等
湖北	出台《关于加强人才发展激励促进科技创新的若干措施》等"1+4"政策
四川	出台《加强现代产业发展人才支撑的十条措施》等
山西	出台《山西省建设人才强省优化创新生态的若干举措》等

续表

省份	新近出台的人才政策文件
海南	制定《海南省引进高层次创新创业人才办法（试行）》等
天津	发布《天津市"海河英才"行动计划》《天津市引进高层次人才服务和保障专项实施细则》等
广西	发布《"港澳台英才聚桂计划"项目指南》《"东盟杰出青年来华入桂工作计划"项目指南》等
陕西	出台《陕西省突出贡献人才和引进高层次人才高级职称考核认定办法》等

资料来源：根据部分政府网站资料整理。

二、省实验室概念辨析

目前学术界对于省实验室尚无统一的定义。结合国内研究文献及广东、浙江、山东等地发布的"省实验室建设管理办法"等文件，本书将省实验室界定为一种由省级政府主导、多主体参与、规范化运行的高水平新型研发机构。

（一）省实验室与国家实验室的区别

实践中，省实验室被称为国家实验室的"后备队"。国家实验室是指为了满足以国家战略需求为统领目标的系列国家级发展目标，在政府主导，企业、高校、科研院所等组织协同参与下，依托国家或国际重大科技工程、任务、项目等，综合运用计划与市场手段，从事有严格条件限定的基础科学与应用研究、重大（关键或共性）技术创新、社会公益性研究等科技创新活动的一种科技组织。[1]

理论上，省实验室与国家实验室的关系可置于国家创新体系中考

---

[1] 聂继凯. 国家实验室的内涵厘定［J］. 实验室研究与探索，2023，42（1）：164-170.

量。在国家创新体系中,国家战略科技力量至关重要,它以满足国家战略需求为定位,由国家支持,主要从事一般科研主体无意或无法开展的高投入、高风险、大团队、长周期的科技创新活动。国家战略科技力量主要包括国家实验室、全国重点实验室等国家科研机构、高水平研究型大学、科技领军企业等。从国家创新体系的纵向层面看,省实验室是国家实验室等国家战略科技力量的重要补充(图2-1)。

图 2-1　省实验室在国家创新体系中的角色与地位

其中,国家实验室是面向国际科技竞争、开展国际科技合作的创新基础平台,是保障国家安全的核心支撑,在国家战略科技力量组成中处于"龙头"地位,发挥引领作用。2000年年底,我国首批5个国家实验室通过验收。2003年,科技部又陆续批准筹建北京凝聚态物理国家实验室(筹)、合肥微尺度物质科学国家实验室(筹)等10个国家实验室,此后其中6个转设为国家研究中心。2017年以来,国家实验室建设被提上议事日程,各地纷纷行动创建国家实验室。由此最早在广东、浙江、江苏一些发达省份形成共识,为了提高资源配置的有效性,应发挥地方政府的积极性,探索"自下而上"的实验室建设路径,为建立国家实验室体系创造条件。因此,在国家实验室建设过程中,既要做好顶层设计，又要央地协同，合理调动当前地方参与建设国家实验室的积极性。相应地，省实验室成为国家实验室的"孵化基地"。

(二) 省实验室与省级以上重点实验室的区别

在我国，省级以上重点实验室包括国家重点实验室和省、部级重点实验室。省实验室与国家重点实验室不同，国家重点实验室是国家组织高水平基础研究和应用基础研究、聚集和培养优秀科技人才、开展高水平学术交流、科研装备先进的重要基地。1984年，原国家计委组织实施了国家重点实验室建设计划，主要任务是在教育部、中国科学院（以下简称"中科院"）等部门的有关大学和研究所中，依托原有基础建设一批国家重点实验室。该计划经过30多年建设取得了丰富成果。然而，国家重点实验室数量众多、体系杂乱，总量为700个左右。2021年中央经济工作会议提出"重组全国重点实验室"。2022年1月1日起施行的《中华人民共和国科学技术进步法》提出，建立健全以国家实验室为引领、全国重点实验室为支撑的实验室体系。

省实验室与省级以上重点实验室在目标定位、学科领域、参与主体、治理模式、运作方式、经费投入等方面存在差异，具体表现为6个特点：（1）多目标定位。既研究基础性科学问题，又攻克"卡脖子"关键核心技术，助力区域经济高质量发展。（2）多学科交叉。不同于重点实验室，它通常解决跨学科、多领域问题，实行多学科交叉、大兵团作战。（3）多主体参与。省实验室由一家单位牵头，多家单位共同参与组建，其主体包括高校院所、龙头企业、新型研发机构等。（4）多中心治理。不同于科层制管理模式，其组织结构扁平化、网络化、多中心，更富有弹性，采取"自下而上"与"自上而下"相结合的决策方式，自主、平等、协商。（5）市场化运作。与传统事业单位相比，其运行机制更加灵活、高效、市场化，科研人员的薪酬收入实行按劳分配。（6）高强度投入。设立省实验室专项资金，具有高强度、稳定性的经费支持（表2-2）。

表2-2 省实验室与省级以上重点实验室的区别

特点	省级以上重点实验室	省实验室
目标定位	基础研究、应用基础研究	开展前沿性基础研究、原创性引领性科技攻关，聚焦"卡脖子"关键核心技术
学科领域	某一学科领域	多学科交叉、大兵团作战
参与主体	高校院所或企业等单一主体	高校院所、龙头企业、新型研发机构等多主体
治理模式	科层制、自上而下决策、僵硬	组织结构扁平化、网络化、多中心，更富有弹性，决策"自下而上"与"自上而下"相结合
运作方式	事业单位预算制、薪酬相对固定	更灵活、高效、市场化，薪酬收入按劳分配
经费投入	上级单位拨款制、经费少	政府长期稳定经费支持，多元化资金来源

（三）省实验室与省技术创新中心、产业技术研究院等新型研究机构的区别

在国家创新体系的区域层面，省实验室与省技术创新中心、省产业技术研究院等新型研发机构承担不同的职责，互为补充。省实验室主要聚焦"基础研究"，它对标国家实验室，承担跨学科、跨领域、前沿性研究任务。省技术创新中心主要聚焦"关键技术攻关"，面向产业技术创新前沿和制高点，围绕影响国家和省长远发展的重大产业行业技术领域，突出关键共性技术、前沿引领技术、现代工程技术、颠覆性技术创新，推动重大创新产品研发、科技成果转移转化产业化及应用示范。省产业技术研究院主要聚焦"产业化"，是区域创新体系的重要组成部

分，是面向产业发展需求，整合科技创新资源，围绕产业技术创新链，开展产业共性关键技术研发、科技成果转化、产业技术服务等活动的公共技术创新服务平台。在实践中，根据区域创新发展需要，三者之间有时互为重叠，并无绝对区分。

三、省实验室主要特征

目前，我国省实验室发展迅猛，表现出命名方式特色化、区域分布不均衡、建设进程有先后、战略定位多层次、人才队伍高规格、发展类型多元化六方面的特征。

（一）命名方式特色化

目前，各地对新创设的省实验室命名方式不尽相同。从全国省实验室名单看（表2-3），有的以"省实验室"命名；有的以"创新中心""研究院""创新实验室"命名；有的以"城市名+领域名+省实验室"命名，例如，汕头化学与精细化工广东省实验室、烟台先进材料与绿色制造山东省实验室、量子信息科学安徽省实验室等；还有的以"地名+实验室"作为简称，如浙江以"江、河、湖、海、山"命名省实验室。总体上，大多省实验室在最美的自然山水、最好的地段空间选址，一方面表明地方对省实验室的发展高度重视、寄予厚望，另一方面体现出省实验室与省域地理相契合的本土化特点，也符合国际上实验室的称谓习惯，有利于吸引全球创新人才。但省实验室存在命名方式不统一、不规范的问题，影响省实验室品牌的建立。

表 2-3　全国省实验室名单（2017—2023）

省份	数量	省实验室名单
广东	10	再生医学与健康广东省实验室（广州生物岛实验室）、网络空间与技术广东省实验室（鹏城实验室）、先进制造科学与技术广东省实验室（季华实验室）、材料科学与技术广东省实验室（松山湖材料实验室）、化学与精细化工广东省实验室、南方海洋科学与工程广东省实验室、生命信息与生物医药广东省实验室（深圳湾实验室）、岭南现代农业科学与技术广东实验室、先进能源科学与技术广东省实验室、人工智能与数字经济广东省实验室
上海	3	张江实验室、临港实验室、浦江实验室
江苏	4	网络通信与安全紫金山实验室、姑苏实验室、深海技术科学太湖实验室、云龙湖实验室
安徽	15	量子信息科学安徽省实验室、磁约束聚变安徽省实验室、先进光子科学技术安徽省实验室、强磁场安徽省实验室、微尺度物质科学安徽省实验室、茶树生物学与资源利用安徽省实验室、硅基材料安徽省实验室、压缩机技术安徽省实验室、深部煤矿采动相应与灾害防控安徽省实验室、先进激光技术安徽省实验室、合肥人工智能研究院、生物医学与健康安徽省实验室、智能互联系统安徽省实验室、信息材料与智能感应安徽省实验室、炎症免疫性疾病安徽省实验室
湖南	4	岳麓山工业创新中心、岳麓山实验室、湘江实验室、芙蓉实验室
福建	8	嘉庚创新实验室、闽都创新实验室、清源创新实验室、宁德时代创新实验室、翔安实验室、海峡实验室、海洋创新实验室、集成电路创新实验室
浙江	10	之江实验室、湖畔实验室、西湖实验室、良渚实验室、甬江实验室、瓯江实验室、东海实验室、白马湖实验室、天目山实验室、湘湖实验室
山东	10	泉城实验室、济南微生态生物医学省实验室、济南粒子科学与应用技术省实验室、青岛新能源省实验室、济南网络空间安全山东省实验室、烟台先进材料与绿色制造省实验室、潍坊现代农业省实验室、烟台新药创制山东省实验室、淄博绿色化工与功能材料山东省实验室、威海先进医用材料与高端医疗器械山东省实验室

续表

省份	数量	省实验室名单
河南	10	嵩山实验室、神龙种业实验室、黄河实验室、龙门实验室、中原关键金属实验室、龙湖现代免疫实验室、龙子湖新能源实验室、中原食品实验室、天健先进生物医学实验室、平原实验室
湖北	10	光谷实验室、珞珈实验室、江夏实验室、洪山实验室、江城实验室、东湖实验室、九峰山实验室、三峡实验室、隆中实验室、时珍实验室
北京	3	中关村实验室、怀柔实验室、昌平实验室
四川	4	天府兴隆湖实验室、天府永兴实验室、天府绛溪实验室、天府锦城实验室
山西	7	太原第一实验室、光存储山西省实验室、半导体信息器件与系统山西省实验室、山西省黄河实验室、高速飞车山西省实验室、智慧交通山西省实验室、后稷实验室
海南	2	崖州湾种子实验室、深海技术实验室
天津	5	物质绿色创造与制造海河实验室、细胞生态海河实验室、天津现代中医药海河实验室、先进计算与关键软件（信创）海河实验室、合成生物学海河实验室
广西	2	数智技术广西实验室、广西新能源汽车实验室
陕西	2	空天动力陕西省实验室、种业陕西省实验室
辽宁	4	辽宁材料实验室、辽宁辽河实验室、辽宁滨海实验室、辽宁黄海实验室
重庆	3	金凤实验室、重庆五云（量子器件与材料）实验室、长江生态环境重庆实验室
云南	3	云南贵金属实验室、云南特色植物提取与健康产品实验室、云南大观实验室
河北	1	河北省钢铁实验室
江西	1	复合半导体江西省实验室

续表

省份	数量	省实验室名单
青海	1	青藏高原种质资源研究与利用实验室
小计	122	

资料来源：根据省实验室网站等相关资料整理

（二）区域分布不均衡

从各地省实验室的数量看，安徽15家，广东、山东、湖北、河南、浙江各10家，福建8家，山西7家，天津5家，四川、江苏、湖南、辽宁各4家，北京、上海、重庆、云南各3家，广西、陕西、海南各2家，河北、江西、青海各1家。

从省实验室在"四大区"的分布来看，东部地区56家，中部地区47家，西部地区15家，东北地区仅4家（图2-2）。从建设现状看，我国省实验室的发展不平衡，目前主要集中于东南沿海及中部地区。总体上，经济强省建设省实验室的力度较大、速度较快。由于省实验室区域分布不均衡，或将导致战略科技资源在地区之间的差异进一步拉大。

（三）建设进程有先后

从建设进程看，近年各地设立省实验室的进程不一，总体呈逐年增加趋势（图2-3）。具体时序：2017年3家、2018年13家、2019年10家、2020年14家、2021年38家、2022年43家。从建设时序看，长三角地区、粤港澳大湾区、京津地区在建设过程中先行先试，随后安徽、湖北、山东、河南、四川等地相继启动省实验室建设布局。总体上，我国省实验室已从建设阶段转向建设与运营并重阶段，但进度不一，投入强度相差较大，发展成效悬殊。

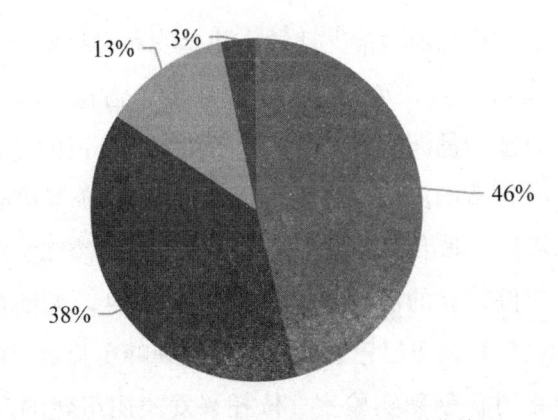

■ 东部地区 ■ 中部地区 ■ 西部地区 ■ 东北地区

图 2-2　我国省实验室的区域分布比例

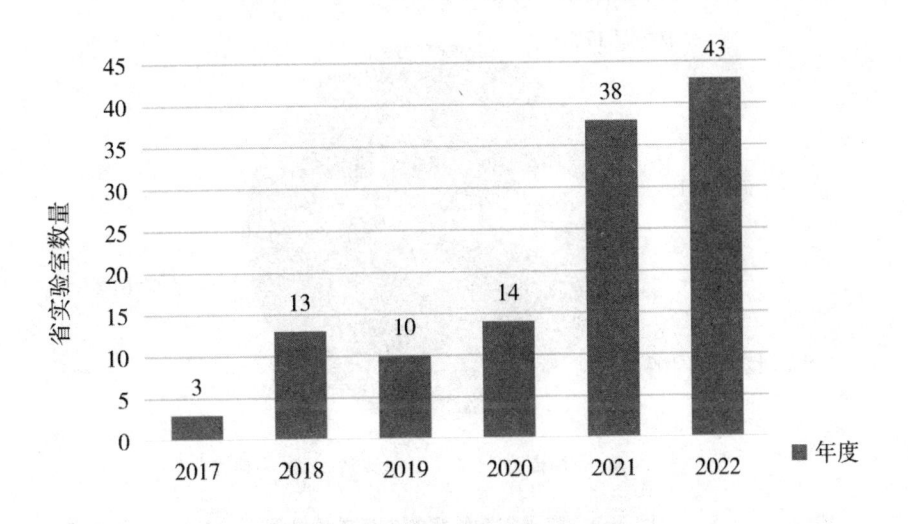

图 2-3　我国省实验室的设立时序

(四) 发展类型多元化

据有关网站公布的省实验室建设方案，目前省实验室的主建单位有4种类型：(1) 中科院主建，占比17%。例如，中科院与上海市政府共建的张江实验室、与北京市政府共建的怀柔实验室、与合肥市政府共建的合肥实验室、与广州市政府共建的广州生物岛实验室、与成都市政府共建的天府兴隆湖实验室等。(2) 大学主建，占比62%。例如，依托华南理工大学打造的琶洲实验室、依托浙江大学打造的良渚实验室、依托华中农业大学打造的洪山实验室等。(3) 新型研发机构主建，占比10%。例如，依托上海市人工智能创新中心建立的浦江实验室、依托山东高等技术研究院建立的济南粒子实验室等。(4) 大型企业主建，占比11%。例如，依托阿里巴巴达摩院组建的湖畔实验室、依托宁德时代组建的福建宁德时代创新实验室、依托兴发集团组建的三峡实验室等（如图2-4）。同时，由于组建模式多样，省实验室建设工作缺乏统一评价标准，存在各自为政的现象。

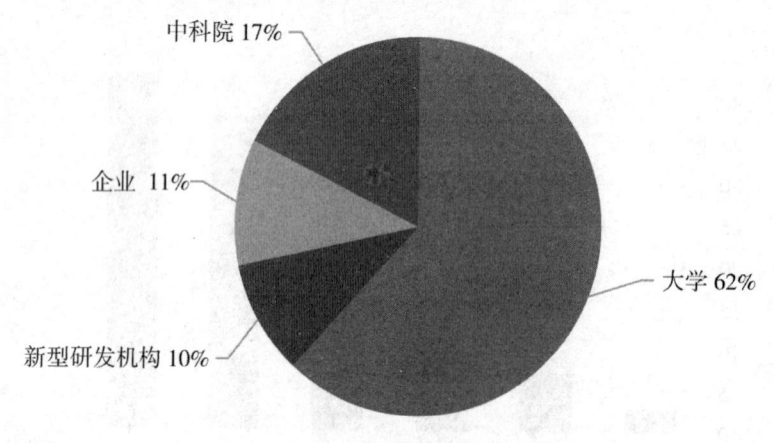

图 2-4 我国省实验室的主建单位类型

（五）战略定位多层次

从省实验室战略目标层次来看，主要分为三类：第一类明确提出"建设国家实验室"战略目标，主要分布在已获批或拟申报综合性国家科学中心的区域，如张江实验室、合肥实验室、怀柔实验室、广州实验室、鹏城实验室、之江实验室、光谷实验室、紫金山实验室、天府实验室等；第二类提出"争创国家实验室或国家实验室网络成员"目标，并投入人力、物力、财力精心准备，如广东省季华实验室、松山湖新材料实验室、琶洲人工智能实验室、南方海洋实验室，江苏省姑苏实验室、太湖实验室，浙江省甬江实验室、瓯江实验室，湖南省岳麓山实验室，山东省青岛新能源实验室、烟台八角湾实验室等；第三类以"创建国家重点实验室"为目标，如安徽省信息材料与智能感知实验室等。从部分省实验室网站发布的信息发现，不同省实验室的战略定位存在一定差异（表2-4）。由于目标模式不统一、不清晰，省实验室的发展存在较大差异，良莠不齐。

表2-4 我国部分省实验室的战略定位

实验室名称	省实验室战略使命描述
张江实验室	自觉履行高水平科技自立自强的战略使命，加快打造突破型、引领型、平台型一体化的国家实验室
鹏城实验室	聚焦宽带通信和新型网络等国家重大战略任务，开展领域内战略性、前瞻性、基础性重大科学问题和关键核心技术研究
之江实验室	以"打造国家战略科技力量"为目标，重点开展前沿基础研究、关键技术攻关和核心系统研发，抢占支撑未来智慧社会发展的智能计算战略高点
甬江实验室	以"前瞻创新、从0到1、厚植产业、造福社会"为宗旨，致力于成为全球最具影响力的研究机构，以此拓展人类认知边界，应对全球挑战，为人类谋求最大福祉
紫金山实验室	面向网络通信与安全领域国家重大战略需求，开展前瞻性、基础性研究，力图突破关键核心技术，开展重大示范应用，促进成果在国家经济建设中落地

续表

实验室名称	省实验室战略使命描述
姑苏实验室	建设世界一流的国家实验室,解决材料领域的战略"卡脖子"需求和前瞻性需求,成为高端材料领域的领导者
季华实验室	围绕国家和广东省重大需求,集聚、整合国内外优势创新资源,打造先进制造科学与技术领域国内一流、国际高端的战略科技创新平台
琶洲实验室	以"突出基础、原创技术、驱动产业"为宗旨,提升我国人工智能基础理论与关键技术原创能力、应用转化能力,为粤港澳大湾区数字经济发展提供原动力与技术支撑
八角湾实验室	以打造国家实验室"预备队"和国家实验室网络成员为目标,聚焦服务国家重大需求、全省经济社会高质量发展,加速推动关键共性技术、前沿引领技术和颠覆性技术创新突破
岳麓山实验室	对标国家实验室,打造生物育种科学研究高地、种源关键核心技术创新高地、重大战略品种培育高地、高水平种业创新人才聚集高地

资料来源：根据有关网站整理。

(六) 人才队伍高起点

各地依托省实验室广纳英才，打造特色各异的创新高地。据省实验室有关资料，目前这些省实验室科技人才研究领域主要集中在量子信息、光子与微纳电子、网络通信、人工智能、生物医药、现代能源系统、物质结构等基础前沿领域，同时在新材料、生物育种、空天科技、深地深海、脑科学等关键领域也有所体现（如图2-5）。相应地，这些专业领域也成为省实验室引才的重点方向。

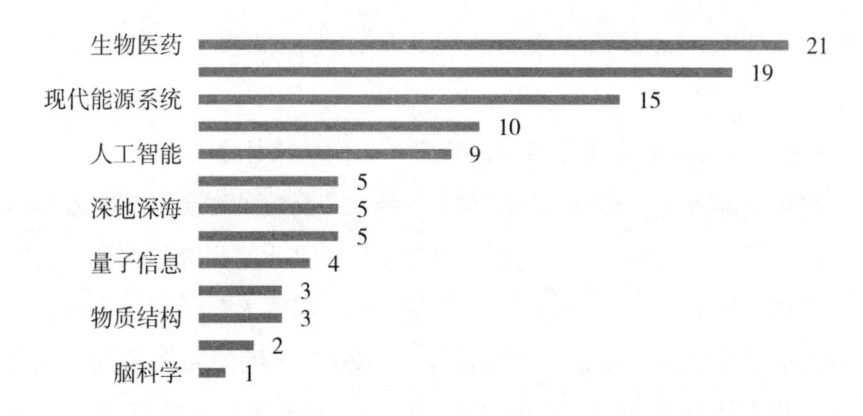

```
生物医药       ████████████████████ 21
               ███████████████████ 19
现代能源系统   ███████████████ 15
               ██████████ 10
人工智能       █████████ 9
               █████ 5
深地深海       █████ 5
               █████ 5
量子信息       ████ 4
               ███ 3
物质结构       ███ 3
               ██ 2
脑科学         █ 1
```

图 2-5　我国省实验室的重点研究领域

省实验室实施"首席科学家"领衔的自由探索类基础研究计划，形成多类型并重并用的局面。从岗位结构来看，省实验室设立管理团队、专家团队、科研人员、工程技术人员、其他辅助人员等不同系列岗位。在省实验室管理团队系列中，实验室主任一般由理事会（管委会）提名聘任，负责统筹省实验室全面工作。省实验室主任聘任条件较高，通常由院士或战略科学家出任，一般聘期 5 年。按照合同关系，省实验室人员聘用方式有全职聘用、双聘和流动岗（博士后、客座人员、研究生等）3 种。从人才引进情况看，目前省实验室科技人才的规模、质量均有待提升，战略科学家等"帅才"的引进力度还需加大，青年科技人才的政策环境亟须优化。

四、省实验室发展的积极意义

2023 年 7 月 6 日，习近平总书记在南京考察省实验室典型代表——江苏省网络通信与安全紫金山实验室时强调，要走求实扎实的创新路子，为实现高水平科技自立自强立下功勋。显然，省实验室既是国家战略科技力量的有效补充，又是带动区域高质量发展的重要引擎，在实施创新驱动发展战略中发挥重要作用，其积极意义主要体现为四方面。

（一）省实验室是构建国家实验室体系的重要抓手

强化基础研究前瞻性、战略性、系统性布局，关键要发挥国家实验室引领作用、国家科研机构建制化组织作用、高水平研究型大学主力军作用和科技领军企业"出题人""答题人""阅卷人"作用。当前，中国特色的国家实验室体系正在加快构建。2021年编制完成了重组国家重点实验室体系方案；"十四五"规划和2035年远景目标纲要部署"加快构建以国家实验室为引领的战略科技力量"；"建立健全以国家实验室为引领、全国重点实验室为支撑的实验室体系"写入科学技术进步法；党的二十大报告明确，"形成国家实验室体系"……一系列部署、任务和要求，为构建中国特色国家实验室体系明确了重点、提供了支撑。① 显然，在建设国家实验室体系过程中，既要建立科研机构、高校、企业以及市场金融联合攻关的协同机制，又要抓住关键补短板——加快推进国家实验室及其"后备队"省实验室的建设，还要清晰地界定出国家实验室体系各主体间科技活动应有范围及其边界，并在此基础上逐步构建起各具优势、特色鲜明的发展格局，规避恶性竞争和重复建设问题。

（二）省实验室是加快打造战略人才力量的重要载体

国家战略人才力量是指服务于国家战略需要的各层次科技创新人才，通常具有四个特征：对重大科学理论问题有敏锐的洞察力；厚实的专业理论和超强的科研能力；有效配置资源并协同推进重大科技项目的执行力；具有高尚的人格魅力和丰富的想象力。党的二十大报告中对加快建设国家战略人才力量做出重要部署，提出努力培养更多大师、战略

---

① 裘勉. 协同构建中国特色国家实验室体系［EB/OL］. 人民网，2023-02-24.

科学家、一流科技领军人才和创新团队、青年科技人才、卓越工程师、大国工匠、高技能人才，赋予战略人才力量更为丰富深刻的内涵。当前，我国正在加快建设世界重要人才中心和创新高地，必然实施更加开放的人才战略，建设高水平人才高地和集聚平台。在这种背景下，打造好以国家实验室为主轴、省实验室为支撑的人才集聚载体刻不容缓。实践表明，省实验室具有点多面广、机制灵活等优势，可为年轻科学家成长创造良好环境，在造就一批领军人才和科技帅才上有更大作为，有望成为培育"高精尖缺"科研人才的新苗圃、孵化器。目前，大多数省实验室已从建设阶段转向运营阶段。因此，当前在物理空间、研发平台等硬件设施打造的同时，加强人文关怀、服务体系等软环境的建设，不断优化省实验室人才生态十分必要。

（三）省实验室是优化国家战略科技力量体系的重要途径

当今世界正处于百年未有之大变局。世界科技强国的竞争，关键在于战略科技力量的比拼，国家实验室、国家科研机构、高水平研究型大学和科技领军企业是我国战略科技力量的重要组成部分。党的二十大报告明确提出："强化国家战略科技力量，优化配置创新资源，优化国家科研机构、高水平研究型大学、科技领军企业定位和布局"，这为新形势下我国完善国家创新体系、推进高水平科技自立自强提供了重要遵循。当前，战略科技力量空间布局有待优化，亟待遵循创新高度集聚规律和区域均衡发展目标，优化战略科技力量布局和定位，打造梯次联动布局、功能协同定位的战略科技力量体系。[①] 具体而言，亟须依托国家实验室、省实验室等大规模科技平台，通过向上溯源与向下扩展建立完整创新链并形成相互联动。同时，发挥省实验室的"省级主体"优势，

---

① 徐示波，贾敬敦，仲伟俊. 国家战略科技力量体系化研究［J］. 中国科技论坛，2022（3）：1-8.

与已有战略科技力量、创新平台进行协调布局，与已建成的国家实验室耦合对接，形成跨领域、高效率、强协同的战略科技力量网络。

（四）省实验室是助推区域经济高质量发展的重要引擎

科技是第一生产力。由于历史原因，我国科技资源分布还不均衡。例如，高水平研究型大学和国家科研机构分布呈现高度空间集聚性，东部沿海地区集中了全国54%的高水平大学和69%的科研机构，且高度锁定于北京、上海、南京、广州、武汉、西安、成都7市。国家实验室则呈现以北京和上海为主导的两极格局，62%左右的国家实验室平台集中分布于东部沿海，点状镶嵌于中西部省会中心城市。[①] 显然，这种不均衡科技资源布局不利于促进区域协调发展。在新发展格局背景下，地方创新驱动发展的迫切意愿为省实验室建设推波助澜，各地"人才新政"为省实验室建设提供了基础条件，省实验室提升关键共性技术、前沿引领技术以及颠覆性技术创新攻关能力，助力传统产业转型升级与新兴产业培育，为区域打造创新增长极提供了新的机遇，成为助推区域经济高质量发展的重要引擎。因此，在充分调动地方积极性的同时，国家层面亟须统筹规划，将省实验室有序纳入国家重大项目给予支持和激励。

---

① 刘承良. 中国战略科技力量的时空配置与布局优化［J］. 人民论坛·学术前沿, 2023（9）: 52-67.

第三章

省实验室主任胜任力素质模型

省实验室作为我国科技创新高地建设和产业高质量发展的重要支撑,是各省科技创新平台的"先锋队"和国家实验室的"预备队",是战略科技人才的聚集地。

在我国,战略科技人才拥有一个典型的金字塔式梯队:战略科学家是战略科技人才梯队的"塔尖",是具有世界一流水平,能够准确研判国际国内科技发展趋势,切实发挥大兵团作战组织领导作用,领衔完成国家重大科技任务的科学家。科技领军人才和高水平创新团队、卓越工程师、高技能人才以及优秀企业家是战略科技人才梯队的"塔身",高水平创新团队一般由科技领军人才领衔,是战略科技人才的"中坚"。根据不同的战略使命和任务,战略科技人才梯队中需要卓越工程师、高技能人才以及优秀企业家等的部分参与或广泛支持,以形成战略科技人才梯队的核心"储备盘"。一线创新创业人才和青年科技人才是战略科技人才梯队的"塔基",青年科技人才和一线创新创业人才队伍蕴藏着巨大的创新潜能,需要政府、社会、机构主体等协同培育,在实践中培养造就一批进入世界科技前沿的战略科技人才后备队。[1]

---

[1] 芮绍炜,康琪,操友根.科技自立自强背景下加强战略科技人才培养与梯队建设研究:基于上海实践[J].中国科技论坛,2023(9):28-37.

省实验室是由省级政府主导的，多主体参与的，面向国家战略目标与本省战略需求的科技创新平台。对省实验室战略科技人才胜任力的辨识，特别是针对省实验室主任等"帅才"的识别与遴选至关重要。

客观上，相较于国家实验室、国家重点实验室，省实验室的建设相对滞后，各省实验室的建设模式与方案还处在积极的探索之中，普遍面临着定位不明确、投入力度弱、预期发展前景不明朗、领域布局重复、管理机制体制不完善等问题。[1]

省实验室的人才生态是否优良，与实验室主任的领导能力和管理才能有较大相关性。从美国国家实验室建设经验来看，实验室的人才战略不单是为完成政府的项目任务而招募使用人才，而是从实验室建制化本身的要求，招募和使用最好的科学家，由实验室主任自由裁量地决定他们的使用。为了能吸引和留住人才，实验室采取了所谓的"方便科学家"模式，即允许科学家做自己想做的事，这样可以使实验室成为吸引一流科学家之地，而且在需要的时候，也可以很容易动员科学家解决任务难题。[2] 在省实验室建设与探索过程中，省实验室主任全面负责实验室工作，既要使实验室的运作管理十分顺畅和高效，还需要在教学和科研等方面取得重大发展，实验室每一时期的创新发展与实验室主任素质的影响密不可分。[3] 因此，省实验室主任是省实验室科技人才队伍建设的核心，是引领省实验室成为科技人才高地的关键少数。

然而，目前国内外学者对实验室主任这一类综合型人才的培养研究还十分匮乏，对实验室主任素质能力的研究更是鲜有涉及。由此也导致

---

[1] 张乐，裘钢，张军. 基于比较视角的高水平实验室发展策略研究：以广东省实验室为例 [J]. 实验技术与管理，2023，40（5）：196-205.
[2] 樊春良. 美国国家实验室的建立和发展：对美国能源部国家实验室的历史考察 [J]. 科学与社会，2022，12（2）：18-42，62.
[3] 眭川，眭平. 实验室创新发展与实验室主任特色素质关系分析：以剑桥大学卡文迪什实验室为例 [J]. 实验技术与管理，2023，40（1）：248-252.

<<< 第三章 省实验室主任胜任力素质模型

国内各级实验室对实验室主任的甄选和培养工作缺乏理论支撑，实验室主任的素质难以满足实验室发展需要等问题较为突出，进而影响和制约国家科技力量的建设。鉴于省实验室的发展需求与理论研究的不足，本书以省实验室主任为研究对象，在文献归纳与数据抓取的基础上，运用文本内容分析与编码等方法构建省实验室主任胜任力模型。在此基础上，通过对比分析各级实验室对室主任的遴选标准与方法，提出进一步提升省实验室主任素质能力的对策与建议，以期为省实验室主任的选拔提供借鉴。

一、相关研究动态

胜任力是复合动机、特质、自我形象、态度或价值观、某领域的知识、认知或行为技能等一系列可被测量和计数的个人特征[①]，也是特定工作环境或工作职位上的一系列行为表现[②]。省实验室主任承担着科研与管理的双重任务，其个人特征与相关的行为表现也应适应其科研与管理工作。基于此，本书围绕科研人员、科研管理人员的胜任力主题展开文献搜索与文献研究，以期为进一步完善省实验室主任胜任素质结构奠定理论基础。

中共中央办公厅、国务院办公厅印发的《关于分类推进人才评价机制改革的指导意见》指出，科研人员主要是从事学科基础研究、应用研究与技术开发、社会公益研究的人才。危怀安和胡艳辉以"世界物理学家圣地"卡文迪什实验室为案例研究发现，历届室主任主要通过导向机制—创新定位因素模型、凝聚机制—创新人才因素模型、筹资

---

① SPENCER L M, SPENCER S M. Competence at Work：Models for Superior Performance [M] . New York：John Wiley&Sons Inc. , 1993.
② 谷丽,丁堃,胡炜, 等. 研究型大学科研校长胜任特征理论模型研究 [J] . 科技进步与对策, 2015, 32 (11)：137-143.

机制—创新经费因素模型、表率机制—创新文化因素模型、育人机制—创新后备因素模型,即 5M-5F 模型,作用于卡文迪什实验室的创新发展全过程,推动着实验室自主创新能力的演化和提升。[1] 科研人员主要分布在高校与院所科研机构,不同类型科研机构的科研人员胜任力素质也存在差异。对高校科研人员而言,马腾和赵树宽通过案例访谈与扎根编码提出高校科研人员应具备基本职业素养、教育教学能力、教研科研能力、技术研发能力和专业实践能力。对院所科研机构的科研人员而言,任红松等将科研修养、个人能力、思维风格和科研基础作为科研主体素养的主要内容。[2] 此外,科技人才能力评价研究中也会使用到胜任力模型。例如,刘亚静等以冰山模型为基础,结合科研人才的素质特征构建人才评价指标体系;Kao 等以教育教学质量与效率为主要指标对高校人才能力进行评价;王斌等人提出林业科研人员综合能力的评价需要从基本素质、创新能力、学术水平、工作业绩四方面开展。同时,有学者提出从事不同类型研究的科研人员其能力评价的重点也应有所差异。综上可知,虽然既有的科研人员胜任力模型与能力评价模型为省实验室主任胜任力维度与特征提供了参考,但仍需要结合省实验室主任这一具体的人才类型展开分析。

科研管理人员一般包括政府、企业、科研机构、高等院校等组织中科研管理部门的工作人员。[3] 卢霄峻和董国利认为高校科研管理人员需要具备扎实的知识技能、熟练的管理手段、高尚的职业精神与良好的沟通能力;郭宁生和刘春龙认为高校科研管理人员应具备管理素质、科技

---

[1] 危怀安,胡艳辉. 卡文迪什实验室发展中的室主任作用机理 [J]. 科研管理, 2013, 34 (4): 137-143.
[2] 任红松,陈宝峰,肖丽,等. 基于结构方程模型分析科研主体素养对科研创新绩效的影响机制 [J]. 新疆农业科学, 2019, 56 (4): 771-784.
[3] 冯奇,方艳芬,杨佳琪,等. 建设科技强国背景下科技管理人员胜任力模型研究 [J]. 中国人力资源开发, 2022, 39 (12): 84-98.

素质与判断力、交际能力、合作精神以及诚信4个方面的素质；白玉和张琰提出医学科研管理意识、管理能力、主动开拓能力、持续学习能力4个胜任力范畴[①]；冯奇等通过科研管理人员访谈与内容编码提出学术背景、学术能力、管理能力和个人特质4个维度[②]。通过对比发现，相较于科研人员，科研管理人员的胜任力特征更加强调管理能力。

  以上相关研究多利用麦克利兰提出的行为事件访谈法，结合编码、调查问卷与因子分析等方法提炼出胜任力素质的维度。还有部分学者基于冰山模型细化胜任力素质维度，再配合使用因子分析对模型进行验证。[③]

  基于不同角度和方法，国内外学者构建了不同类型的胜任力模型，然而已有研究成果聚焦从事基础科学研究的创新型人才、应用研究与技术开发人才、科研管理部门的工作人员，较少针对实验室主任这类复合型人才。鉴于此，本书拟在文献归纳与数据抓取的基础上，运用文本内容分析与编码等方法，构建省实验室主任胜任力因素模型，从数据挖掘视角验证和拓展胜任力理论体系，并从实践上为省实验室主任的培养与选拔提供科学参考和操作依据。

二、研究方法与过程

（一）研究方法

  如前所述，行为事件访谈法是目前使用较多的胜任力模型建构方法，但该方法耗时较长。为掌握省实验室主任胜任力特征的初步概况，

---

① 白玉，张琰．人才胜任力视角下高校附属医院科研管理人员培养方法探析：以南方医科大学珠江医院为例［J］．科技管理研究，2018，38（13）：158-162.

② 冯奇，方艳芬，杨佳琪，等．建设科技强国背景下科技管理人员胜任力模型研究［J］．中国人力资源开发，2022，39（12）：84-98.

③ 庆海涛，陈媛媛，关琳，等．智库专家胜任力模型构建［J］．图书馆论坛，2016，36（5）：34-39.

本书通过数据抓取，获得省实验室主任招聘信息，并通过文本分析准确提炼出省实验室主任胜任力特征相关的词汇；为保证结果的信效度，减少后期的验证工作，本书再采用文献研究，获取科研人员、科研管理人员的胜任力特征，综合数据抓取与文本分析的结果进一步提炼出省实验室主任的胜任力维度与特征。

（二）研究过程

1. 省实验室主任招聘信息的收集与提炼

本阶段的数据收集以省实验室主任为对象，在百度、各省实验室网站上抓取与省实验室主任招聘相关的数据，最终得到招聘信息共25份。本书借助文本挖掘工具ROSTCM 6.0软件，按照如下步骤对以上25份招聘信息进行预处理。首先，提炼出与省实验室主任岗位职责、任职条件、能力要求等相关的内容；其次，通过分词处理、词频统计等步骤提取出位列前300的高频词汇，并过滤掉"取得""以上""职务"等干扰性词汇，最终得到177个对文本分析有实际意义的高频词汇，由于篇幅有限，仅列举出整理后排名前60的高频词汇（见表3-1）。与此同时，为了更为直观地观察高频词汇间的内在联系，了解政策内容的分布重点，本书利用ROSTCM 6.0软件，绘制出省实验室主任招聘信息的共现高频词社会网络图谱（见图3-1）。通过表3-1和图3-1发现，实验室、学术、管理、组织、研究、能力等词汇出现频率较高，且与其他分词联系较为紧密。可见，除一些基本的人事信息外（年龄、健康状况、学历），省实验室对室主任的能力要求集中在学术研究、组织管理等方面。

表 3-1　有效词汇及其词频统计

序号	词汇	序号	词汇	序号	词汇	序号	词汇
1	实验室	16	协调	31	重大	46	人员
2	学术	17	技术	32	学位	47	培养
3	管理	18	发展	33	影响力	48	良好
4	组织	19	博士	34	造诣	49	日常
5	研究	20	经历	35	运行	50	精神
6	能力	21	身体	36	科学	51	合作
7	科研	22	成果	37	学科	52	正高
8	重点	23	年龄	38	实验	53	优先
9	科技	24	健康	39	规划	54	优秀
10	建设	25	以上	40	领导	55	职务
11	水平	26	团队	41	周岁	56	从事
12	领域	27	人才	42	先进	57	知名
13	国内外	28	国家	43	全面	58	精神
14	创新	29	任职	44	带头人	59	优秀
15	项目	30	主任	45	同行	60	优先

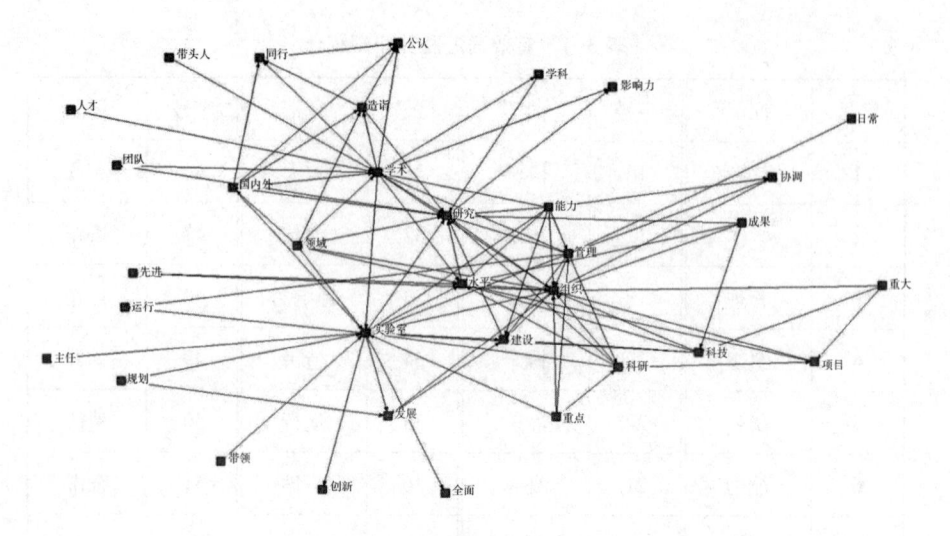

图 3-1　省实验室主任招聘信息共现高频词社会网络图谱

2. 现有文献中胜任力素质的收集与归纳

本阶段的数据收集以科研人员胜任力素质、科研管理人员胜任力的文献为对象，在 CNKI 数据库中进行检索，最终得到相关文献共 28 篇（科研人员胜任力文献 12 篇，科研管理人员胜任力文献 16 篇），通过人工整理出所有文献中的胜任力特征共 179 项，如表 3-2 所示。

表 3-2 已有文献中科研人员与科研管理人员的胜任力特征（部分）

类型	胜任力特征	类型	胜任力特征
科研人员	荣誉感	科研管理人员	组织领导能力
	执着		科研经历
	了解众多学术领域		学术敏感性和判断力
	组织能力		决策能力和魄力
	科研工作的有效执行		主动思维
	政策解读能力		大局意识
	成就动机		专业背景
	组织策划		关注国家重大需求和国际科技前沿
	热情		宏观管理能力
	服务意识		主动学习能力

3. 数据编码

本书借助 NVivo11 对以上整理的 356 个有效高频词汇进行编码，结合文献内容与招聘信息将内涵相同且重复出现的词汇进行合并，提炼出省实验室主任胜任力的二级变量，并再次对二级变量进行归类，得到实验室主任胜任力维度，最终形成编码表（见表 3-3）。

表 3-3 省实验室主任胜任力编码结果

一级变量	二级变量	词汇（节选）
个人素养	人事信息	身体　年龄　学位
	性格特征	自我调适　热情　开放的　激情　自信
	个人品质	正直　自律讲原则　为人谦和
	内在动机	成就导向　成就动机

续表

一级变量	二级变量	词汇（节选）
职业素养	职业情感	责任心　责任感　荣誉感　敬业精神　奉献精神
	职业道德	道德感　保密意识　求真求实
	专用职业技能	了解学科地貌　对某一学科领域的专业研究
内部管理能力	战略规划能力	战略研究能力　决策能力和魄力　决策力　大局意识
	组织能力	组织能力　团队协作　组织策划　领导能力
	沟通协调能力	合作沟通能力　健谈　表达能力　沟通协调
外部实践能力	政策解读与贯彻能力	政策理解力　政策洞察力　新政策理解贯彻能力
	社交能力	公关能力　社交能力　商业谈判　项目开发能力
通用能力	学习与创新能力	快速学习　主动学习能力　创新能力
	学术影响力	知名　影响力　带头人　造诣　先进　任职
	其他通用能力	信息获取与处理　独立思考　英文能力

三、省实验室主任胜任力模型的构建与阐释

省实验室主任个人素养维度包括人事信息、性格特征、个人品质与内在动机。在人事信息方面，学位、身体、年龄等是对省实验室主任任职的基本要求；在性格特征方面，富有热情、自信的领导者能够帮助团队提升士气；在个人品质方面，正直、自律、为人谦和等优秀品质是作为一个科研者最基本的要求；在内在动机上，以成就为导向的动机不仅能促使自身全身心投入工作，还能影响他人的行为表现，带动团队把科研工作当作事业去做。

省实验室主任职业素养维度包括职业情感、职业道德与专用职业技能。在职业情感方面，责任感是省实验室主任最本质的职业情感，责任感越强，省实验室主任对实验室事业的追求动力就越强，越可能将这种

动力转化为职业使命感；荣誉感表现为省实验室主任对实验室的忠诚度和归属感，室主任荣誉感越强，对实验室的忠诚度与归属感相应增强，进而激发敬业精神、奉献精神与责任担当。在职业道德方面，求实求真是最基本的科研道德，反映了整个研究团队的学术风气及其可信度，省实验室主任在这方面应起好带头作用；保密意识是一个知法、懂法、守法公民应具备的政治觉悟，对于掌握高新技术的科研人员更需要提升保密意识，规范保密行为，履行保密职责。在专用职业技能方面，省实验室主任对专业知识的了解与掌握能力是最基本的职业技能要求，体现了省实验室的专业素质。

省实验室主任内部管理能力包括战略规划能力、组织能力与沟通协调能力。在战略规划方面，省实验室主任作为实验室发展的主要责任人，不仅需要做好实验室未来的发展规划，具有大局意识、服务意识，还需具有决策力与判断力，从而在众多选择中遴选出最适合本实验室的发展路径；在组织能力方面，省实验室工作是一个系统工程，科研活动需要各部门的配合实施，而省实验室主任则需要将各部门整合起来，形成一个高效运作的有机体；在沟通协调能力方面，各部门间的分工与协作直接影响省实验室这一有机统一体的运作效率，这就需要省实验室主任具备相应的沟通与协调能力，减少各部门合作的障碍，让各部门共同发挥各自作用的同时产生1加1大于2的效应。

省实验室主任的外部实践能力是指省实验室主任处理与政府部门、企业、高校、科研机构等其他利益相关者之间关系时需要具备的政策解读与贯彻能力、社交能力。省实验室主任政策解读与贯彻能力不仅关系到实验室自身未来的发展规划，还涉及对外合作的机会，能帮助省实验室抓住发展机遇，是推动省实验室发展与社会发展需求相契合的关键所在。省实验室主任社交能力主要是指其在与实验室以外的利益相关者交往时所具备的公关能力、商业谈判能力、宣传意识与项目开发能力。尤其是在省实验室建设初期，省实验室主任的外部实践能力需要以服务发展需求为导向，解决实验室经费问题，争取科研项目，得到科研人才与政府政策的支持，以确保省实验室初期的正常运行。

　　省实验室主任通用能力主要是指其学习与创新能力、学术影响力。无论是承担管理工作还是开展科研活动都需要具备学习能力，保持学习的状态，并在学习中不断创新，满足省实验室发展的需要。同时，学术影响力也是支撑省实验室主任开展内部管理与对外实践活动的基本能力。对外，学术影响力在一定程度上决定着省实验室在学术界与科研圈中的威望和地位；对内，只有具备了较高的学术影响力，才能在科研工作中拥有信服力。此外，省实验室主任还需要具备信息获取与处理、独立思考、英文能力等方面的通用能力。

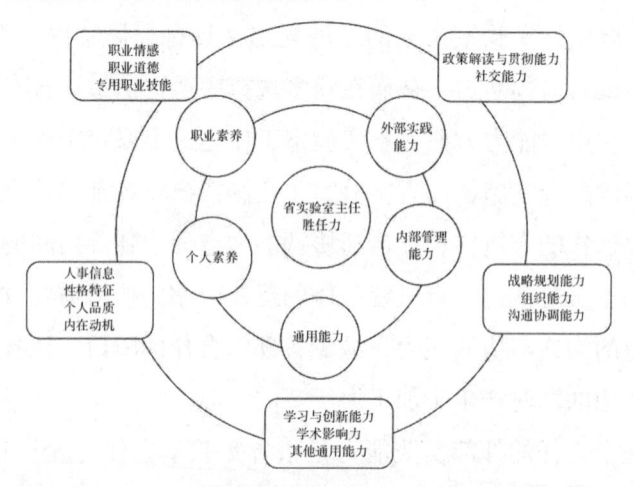

图 3-2　省实验室主任胜任力模型

四、省实验室主任胜任力特征

　　胜任力模型为省实验室主任的选拔与考核提供了标准。然而，尽管国内外实验室主任在胜任力特征上都强调了实验室主任的科研与管理能力，但在遴选途径上存在差异（表 3-4）。具体而言，美国国家实验室更关注实验室主任的科研能力与影响力,即实验室主任由熟悉"科技界"与"科技政治界"的顶尖科学家担任,选拔标准与遴选途径相匹配;美国大学管理的国家实验室强调科研与管理能力,即实验室主任来源于具备长期教学、科研和管理工作经历的领域内的著名科学家群体,选拔标准与遴选途径相匹配;而国内实验室虽然也强调科研与管理能力,但其任免方式是公开招聘,人才来源是本领域高水平的学科带头人,选拔标准与选拔途径的匹配度不高,可能会弱化管理能力在室主任选拔标准中的权重。

表3-4 国内外实验室主任的胜任力特征与遴选途径

类型	胜任力特征	遴选途径
美国"国有国营"的国家实验室	学术水平、社会影响力	由联邦部门直接任命;由熟悉"科技界"与"科技政治界"的顶尖科学家担任
美国"国有民营"的国家实验室	学术水平、社会影响力	由董事会和联邦部门共同确定;由熟悉"科技界"与"科技政治界"的顶尖科学家担任
美国大学管理的国家实验室	学术影响力、教学能力、科研能力与管理能力	从国家实验室内部或负责管理的大学中选拔;由具备较强科研经历的著名科学家担任
国内省部共建的国家重点实验室	科技素质、创新意识、管理协调能力、对外联系、内部创新协调	国内外公开招聘;由本领域高水平的学科带头人担任
部分省实验室	学术水平高、学风正派民主、注重团结协作、组织管理能力强	省、市政府聘任

这里选取深圳湾实验室、松山湖材料实验室、季华实验室、琶洲实

验室、之江实验室、瓯江实验室、甬江实验室、湘湖实验室、紫金山实验室、八角湾实验室 10 家省实验室，对省实验室主任的胜任力特征进行分析。

从我国省实验室主任的来源看，大多数以相关领域同行专家推选为主，较少采取公开招聘方式，主要原因是地方政府对省实验室的期望较高，倾向于找到有较高学术声望的战略科学家担任室主任。在上述 10 位现任的省实验室主任中，有 9 位是院士（表 3-5）。

表 3-5　我国部分省实验室主任的任职情况

省实验室名称	省实验室主任及履职时间	主要任职经历
深圳湾实验室	詹启敏（2019—2021） 颜　宁（2023—　　）	中国工程院院士，曾任中国医学科学院副院长、北京协和医学院副校长、北京大学副校长。 中国科学院院士、美国国家科学院外籍院士、美国艺术与科学院外籍院士、中国医学科学院学部委员，深圳医学科学院院长
松山湖材料实验室	汪卫华（2018—　　）	中国科学院院士、发展中国家科学院院士，现任中国科学院物理研究所研究员、中国科学院极端条件物理重点实验室主任
季华实验室	曹健林（2018—　　）	中国科学院院士，曾任中科院长春光机与物理所所长、中科院副院长、科技部副部长等职
琶洲实验室	徐宗本（2020—　　）	中国科学院院士，曾任西安交通大学副校长。现任西安交通大学西安（国际）数学与数学技术研究院院长、国家工程实验室主任
之江实验室	朱世强（2017—2023） 王　坚（2023—　　）	浙江大学党委副书记，曾任舟山市副市长、浙江大学校长助理等职。 中国工程院院士，曾任微软亚洲研究院常务副院长、阿里巴巴集团技术委员会主席

续表

省实验室名称	省实验室主任及履职时间	主要任职经历
瓯江实验室	宋伟宏（2021— ）	加拿大健康科学院院士，现任温州大学副校长
甬江实验室	崔　平（2021— ）	现任宁波诺丁汉大学副校长
湘湖实验室	李培武（2022— ）	中国工程院院士，国家农业检测基准实验室（生物毒素）、农业农村部生物毒素检测重点实验室主任
紫金山实验室	刘韵洁（2018— ）	中国工程院院士、中国联通科技委主任，曾任邮电部数据所所长、中国联通总工程师等职
八角湾实验室	刘维民（2021— ）	中国科学院院士、亚太材料科学院院士、发展中国家科学院院士，曾任中科院兰州化学物理研究所所长、固体润滑国家重点实验室主任

资料来源：根据有关省实验室网站资料整理。

目前我国省实验室大多处于边建设、边运营的起步期，因此需要省实验室主任既有较高学术水平，又具备整合各种资源的能力。

从省实验室主任的实践能力看，上述省实验室主任大多长期担任研究机构领导职务，有的担任知名高校领导，有的身兼国家重点实验室主任。例如，季华实验室主任曹健林院士从事软 X 射线多层膜技术研究，取得了国内外同行专家公认的突出成就，曾主持设计研制了国内第一台离子束测射镀膜设备，技术性能达到该类产品的国际先进水平；制备的多层膜反射镜应用到国家重点工程，有效 GL 值达 17.5，创世界最高纪录；为国际著名的英国卢瑟福实验室等提供 X 射线激光用多层膜反射镜，取得满意效果，为中国光学界争得了荣誉。在实践能力方面，履历丰富。他于 1989—1992 年在中科院长春光机所进行博士后研究工作，历任中科院长春光机所研究员、博士生导师、常务副所长（法人代表）、所长，中科院长春光机与物理所所长，中科院院长助理兼中科院光电集团筹备组组长，中科院光电研究院院长；2001—2006年9月任中国科学院副院长、党组成员，兼任中国科学院光电研究院院长、应用光学国家重点实验室主任；2006年9月—2015年11月任科学技术部副部长、党组成员，此后转任全国政协教科卫体委员会副主任；2018年起担任季华实验室理事长、实验室主任。

从省实验室主任的个人素养与职业素养看，上述省实验室主任有9位为院士，在本领域取得了非凡成就。例如，紫金山实验室主任刘韵洁院士长期主持数据通信领域国家重点科研项目攻关，并取得多项重要成果，主持设计、建设并运营了国家公用数据网、计算机互联网、高速宽带网，为我国信息化发展打下了重要基础。松山湖材料实验室主任汪卫华院士是材料物理学家，主要从事非晶材料的研制、物理和力学性能的基础研究，在块体非晶合金形成机制和新材料开发、形变机制、物性等方面做出了系统性和创新性成果。紫金山实验室主任杨辉院士主要从事Ⅲ-V族化合物半导体的材料生长、物理分析及器件研究，曾在国内首次用MOCVD技术生长出高质量GaAs/AlGaAs量子阱材料及低域值激光器，研制出中国大陆第一支氮化镓基蓝光激光器。深圳湾实验室主任颜宁是结构生物学家，在与疾病相关的重要膜转运及膜蛋白、电压门控离子通道的结构与工作机理及膜蛋白调控胆固醇代谢通路的分子机制研究方面取得重大成果。

从省实验室主任的管理能力看，上述省实验室主任展示出了非凡的管理才能。例如，之江实验室首任主任朱世强教授是我国机械电子控制工程、流体传动及控制、机器人等领域专家，1966年出生，在浙江大学工作多年，现任浙江大学党委副书记。曾两次挂职担任地方政府副市长，地方工作经历丰富。2017年10月，被浙江省政府任命为之江实验室主任，直至2023年7月卸任。在他担任之江实验室主任期间，围绕智能计算完成了7个院（中心）的科研平台搭建，引进科技人才达4200余人；建成之江实验室园区一期，并布局数字反应堆等大科学装置4个，与国内外数十家高校院所建立合作，建设开放协同的合作生态；推进体制机制创新，建立健全实验室管理制度，出台各项制度150项。2021年，之江实验室被纳入国家实验室体系。2023年7月，经浙江省政府任命，中国工程院院士王坚接任之江实验室主任。

五、有关建议

本书基于已有研究成果与省实验室主任招聘信息，通过文本分析与编码构建了省实验室主任胜任力模型。省实验室主任胜任力包含16个特征，涵盖了个人素养、职业素养、内部管理能力、外部实践能力、通用能力5个维度，为省实验室主任的选拔提供了标准。实验室主任胜任力模型为室主任的选拔标准与途径提供了参考，但目前国内实验室仍存在选拔标准与途径不匹配的现象，降低了胜任力模型在实验室主任选拔中的指导价值。当前，我国省实验室正在逐年增多，省实验室主任的选聘是重中之重，为此提出如下对策建议。

1. 保证省实验室主任胜任力模型的范畴化与岗位职责相关化。本书得到的16个范畴的胜任力特征分别归属于个人素养、职业素养、内部管理能力、外部实践能力与通用能力5个维度，既强调了省实验室主任的基本任职条件，又关注了其作为负责人必备的胜任力特征，可用于区分一般与优秀的省实验室主任。在进行选拔时，必须严格把握省实验室的任职条件，注重对拟聘人选胜任能力的考察；将个人素养、职业素养与通用能力作为基本条件，将内部管理能力与外部实践能力作为关键条件，确保其具有开展科研与管理的能力。

2. 建立符合自身特点和需求的省实验室主任胜任力模型，为省实验室主任的选拔设置较为清晰的要求与标准。由于各省经济发展水平不一致，国家层面对省实验室的建设又缺乏统一的部署，因此需要各省实验室结合自身情况优化管理机制体制。对于省实验室主任遴选工作，不仅需要统一有效的胜任力模型作为参考，还需要通过实地调研、文献分析和专家研讨，动态提炼出适合自身发展需要的省实验室主任选拔标准。

3. 确保省实验室主任选拔标准与选拔途径的匹配性。基于胜任力的省实验室主任选拔标准在应用中容易出现偏颇，即过分关注省实验室主任的科研能力，而忽视其管理能力。本书将科研能力纳入职业素养范畴，作为省实验室主任任职的基本条件，将管理能力作为必备条件，在一定程度上避免了以上问题的出现。但由于选拔方式与途径的不匹配也可能弱化管理能力在选拔时的权重。因此，未来省实验室主任的选拔要关注人才来源的途径，拓展来源渠道，例如，从国内高校、科研院所、其他事业单位、国内其他实验室的高层次科研、管理人员中寻找可任用的复合型人才，或基于省实验室主任胜任力模型内部选任，等等。

第四章

省实验室科技人才需求预测

在省实验室科技人才队伍建设过程中,人才战略规划是省实验室建设提质增效的重要途径,是省实验室"引人"的关键环节。人力资源供需预测与平衡匹配是省实验室人力资源战略规划工作的主要内容。其中,人才需求预测是省实验室科学制订人才规划的关键。[①]

省实验室人才规划工作面临一定的挑战。首先,省实验室人才需求受内外部环境因素的影响,这些因素通常是高度复杂且相互交织的。加之,省实验室建设外部环境面临较大不确定性,增加了人才需求预测的难度。其次,与发达地区相比,湖北实验室建设处于探索之中,基础不扎实。最后,省实验室相关数据涉及保密问题,有关历史统计数据分散且难以获得。对此,实验室人才预测工作既要考虑实验室建设与实验室人才的特殊性,保证研究结果的适用性与可靠性,又要适当兼顾资料的可获得性与研究的可行性。

本书针对上述实验室人才需求预测的迫切性与难点,综合采用定性与定量的分析方法,尽可能全面系统地厘清影响省实验室人才需求的因素并构建人才需求预测模型。一方面,充分利用现有实验室建设状况汇

---

① 李朋波,张庆红. 国内人才需求预测研究的进展与问题分析[J]. 当代经济管理,2014, 36 (5): 72-80.

总、年终汇报等文本资料，在嵌入理论的基础上系统剖析、识别并分析省实验室人才的影响因素与量化指标，构建符合省实验人才需求预测的多指标量化模型。另一方面，基于以上研究成果，结合 BP 神经网络模型对实验室人才需求进行预测。

一、研究思路与方法

（一）研究对象

人才需求预测可分为人才类型预测与人才数量预测。① 相对确定的实验室人才需求类型，为后续的人才需求数量的定量预测提供支撑。通过对比分析，国内实验室人才类型可分为两大类。② 一是固定人才，包括领军人才、研究骨干、技术人员与管理人员。二是流动人才，包括访问学者与博士后研究人员。因访问学者与博士后研究人员流动性相对较大，考虑数据获取的完整性与准确性，本书对实验室人才需求的预测暂时不包括这部分流动人员。

（二）研究方法

本书将综合使用文本分析方法与 BP 神经网络模型，通过多阶段配合使用相应的研究方法来提高研究结果的科学性。首先，根据嵌入理论确定实验室人才需求的影响因素的维度；其次，使用文本分析方法，利用 ROSTCM 6.0 软件提取出影响实验室人才需求的各维度下的具体指标，并结合原始文本数据对指标进行量化；再次，收集并整理相关指标的定量数据，为定量预测做好准备；最后，使用 BP 神经网络模型，利用 MATLAB 实现模型的计算，预测省实验室人才需求数量。

---

① 刘宗巍，宋昊坤，郝瀚，等. 中国智能网联汽车产业人才需求预测研究 [J]. 科技管理研究，2022，42（5）：129-137.
② 张静一，刘梦. 凝聚、吸引、培养：论国家重点实验室人才培养 [J]. 科研管理，2020，41（7）：271-274.

其中，文本分析的运用基于 Sapir-Whorf 假设所提出的原理。该原理指出人的语言是其心智处理过程的一个映射，人的认知倾向和关注的焦点在其经常使用的文字中有集中的反映，人们经常使用的文字处于认知的中心地带，反映其思维中最为关注的部分。① 即文本资料中某些关键词及其出现的频数，反映出在人们思维中最为关注的内容与程度。因此，有研究深度挖掘文本资料，利用文本资料中的关键词的词频统计，推断和获知文本关注的重心。基于此，本书利用文本分析方法，从省实验室建设、实验室队伍建设相关的文本资料中提炼出影响实验室人才需求的关键指标。

BP 神经网络模型是人才需求定量预测常使用的方法之一，对实验室人才需求预测而言有着天然的优势。一方面，如前所述，国内实验室人才预测起步较晚，无较多的成果或经验借鉴，更无确切规律可循。一般组织的人才需求预测方法不一定适用于实验室人才需求预测。另一方面，人才需求的影响因素众多，很难选择一个显式模型来准确地描述。传统的线性预测方法只能捕捉到人才需求连续性的变化，无法描述实验室人才需求非连续变化的特点。② 而 BP 神经网络模型是一种隐式模型，可以将系统的结构隐含于网络的权值中，能够描述那些只有数据而无法用传统数学模型表达的系统。

二、理论基础溯源

（一）嵌入理论

"嵌入"一词本身是指一个事物植根于或内生于另一个事物的一种

---

① WHORF B L, CARROLL J B. Language, Thought, and Reality: Selected Writing of Benjamin Lee Whorf [M]. Cambridge: The MIT Press, 1956.
② 杨俊生，薛勇军. 基于 BP 人工神经网络模型的东盟自由贸易区人才需求趋势预测：兼议云南省的应对措施 [J]. 学术探索, 2014 (4): 83-87.

状态，是一个事物与另一个事物之间的联系以及联系的程度。最早提出嵌入理论的经济史学家波兰尼（Karl Polanyi）认为，经济行动是嵌入在社会网络之中的，经济行为不仅受到行为本身经济动机的影响，同时依托于社会网络中的非经济动机也会对其产生影响。① 在此格局中，行为主体做出符合自己目的、能实现自己愿望的选择。"嵌入理论"不断发展，逐渐从一种解释经济现象的理论发展为解释多学科交叉问题的理论，例如，军民科技人才共享模型与培养路径②、企业人际情报网络影响因素模型等③。在发展的过程中，"嵌入理论"也实现了一般性的演化，成为管理学、社会学与经济学共同关注的理论分析框架。

一般性演化后的"嵌入理论"（如图4-1）具体是指行为主体是嵌入在组织网络中的，而组织网络又嵌入在外部环境之中，行为的实现不仅由行为自身的可行性所决定，还受到组织网络所带来的合作支持与对立阻碍情况的影响。此外，来自外部环境的规则激励和限制也会对行为产生相应的影响。

（二）嵌入理论对人才需求预测的启示

当前，人才资源规划研究的基础薄弱，迫切需要理论的指导，以形成实践—理论—实践的良性循环。国内实验室人才资源规划工作本质上也是一种经济与社会行为，本身也嵌入在一定的社会网络中。这一社会网络是为了达到人才引进的目的而在组织间、个体间进行信息交流和资源利用的关系网。同时，人力资源规划过程受到特定制度和文化的影响。由此可见，"嵌入理论"为实验室人才需求的影响因素分析提供理

---

① 易法敏，文晓巍. 新经济社会学中的嵌入理论研究评述［J］. 经济学动态，2009（8）：130-134.
② 郭永辉. 嵌入理论视角下军民科技人才共享模式、困境及治理［J］. 科技进步与对策，2021，39（19）：124-131.
③ 王馨，秦铁辉. 基于嵌入理论的人际情报网络影响因素模型研究［J］. 情报理论与实践，2009，32（10）：13-16，20.

论框架。基于此，本书以"嵌入理论"为基础，对国内实验室人才需求的影响因素展开探讨。具体而言，在行为的可行性层面，行为主体自身能力起到关键的作用。在行为主体自身能力中，科研水平与经济实力是衡量实验室发展水平的关键指标，二者作为科研创新的硬实力，既影响着实验室未来的发展，又是人才需求规划这一行为所必不可少的内生动力。在组织网络层面，省实验室、国家重点实验室或国家实验室的发展与其他组织之间存在相互影响，例如，政府、合作高校、企业、科研机构等其他合作的组织或平台。在外部环境层面，由于实验室人才引进涉及多主体的利益，其推进过程中既需要战略性政策给予发展方向的统一指导，也需要完善的体制机制给予执行保障。

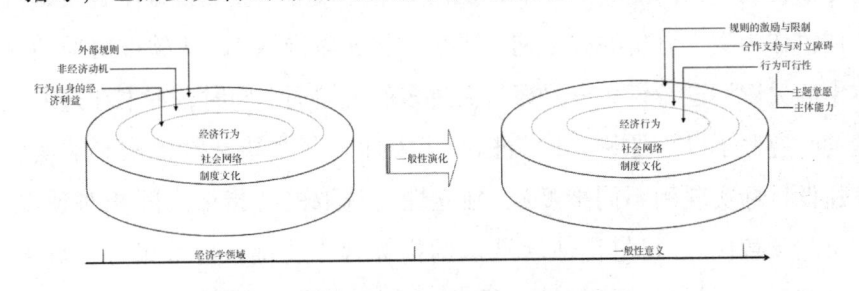

图 4-1　双层嵌入理论的一般性演化①

综上，"嵌入理论"揭示了经济行为—社会网络—制度文化之间的嵌入关系，只要厘清人才需求与社会网络、制度文化之间的嵌入关系，人才需求预测影响因素的梳理自然顺理成章。根据嵌入理论，本书从经济行为、社会网络、制度文化三个层面推演出影响实验室人才需求预测的四个维度，即科研水平、经济实力、合作组织、制度与文化。以上结果为进一步提取实验室人才需求预测影响因素的具体指标奠定了基础。

---

① 何海燕，王馨格，李宏宽. 军民深度融合下高校国防科技人才培养影响因素研究：基于双层嵌入理论和需求拉动理论的新视角 [J]. 宏观经济研究，2018（4）：163-175.

三、影响因素分析

本书对部分省实验室的建设运营情况、年终汇报等文本资料进行分析，利用ROSTCM 6.0软件提炼影响实验室人才需求的具体指标。基于嵌入理论，本书已提出影响实验室人才需求预测的四个维度，即科研水平、经济实力、合作组织、制度与文化。在确定这四个基本的领域后，将其作为文本分析的一级关键词，按照一级关键词，利用分词软件选取二级关键词。具体步骤：首先，将相关的原始文本进行合并后导入软件进行分词，选取词频数高于5%的词作为关键词选取的词库。其次，通过专家咨询、共同判断等环节，从词库中选取与相关测量维度含义相近的词语作为文本分析的关键词。再次，将文本导入Excel软件对原始文本中的关键词进行辨意，去掉歧义过多的关键词。同时，本书在选取关键词时遵照了以下原则，即指标的代表性（每个指标都代表影响实验室建设目标实现的不同维度）、独立性（选取的各指标之间相对独立，不可相互替代）、可量化性（选取的指标含义明确，可采集、可量化、可比较）以及操作的可行性。最后，从处理后的关键词词库中确定本研究所需的二级指标。

在表4-1中，除实验室这一关键词外，其他高频词汇可纳入科研水平、经济实力、合作组织、制度与文化四个维度中。其中，技术、研究、项目、研发、科研、成果、方向等词汇可纳入科研水平维度；项目经费、基金则纳入经费维度；单位、合作、共建、组建、平台等词汇可纳入合作组织维度；运行、机制、系统、布局、计划、发展等词汇可纳入制度与文化维度。再结合原始文本数据，本书将四个维度的指标进一步细化，得到二级指标。通过进一步的专家咨询与共同讨论，最终确定，考虑到指标的代表性、独立性、可量化性以及可操作性等原则，本书最终选用授权专利数量、固定资产投资、各项经费之和、制度数量这

4个量化指标来预测实验室人才数量，如表4-2所示。

表4-1 词频统计

关键词	词频	关键词	词频	关键词	词频	关键词	词频
实验室	422	人才	75	开展	45	联合	33
技术	138	国家	73	合作	44	系统	33
研究	130	团队	68	领域	43	推进	33
建设	121	单位	67	成果	39	组建	31
项目	117	创新	61	重大	39	应用	31
管理	95	经费	60	方向	39	布局	31
研发	81	科技	58	基金	38	完成	31
科研	77	运行	53	机制	38	推动	30
平台	77	重点	48	共建	35	积极	30
发展	75	人员	46	关键	34	计划	30

表4-2 量化指标

一级指标	二级指标	量化
科研水平	研发实力	授权专利数量（单位：项）
	基础实力	固定资产投资（单位：亿元）
经费	政府经费	各项经费之和（单位：亿元）
	企事业单位委托经费	
	其他经费	
制度与文化	相关制度	制度数量（单位：项）

四、科技人才需求预测与结果分析

（一）数据的提取与模型构建

BP 网络模型是由输入层、隐层和输出层组成的，隐层可以有一层或多层。有关研究表明，在一个隐层的神经网络，只要隐节点足够多，就可以以任意精度逼近一个非线性函数。因此，本书采用的是一个隐层的三层多输入单输出的 BP 网络来建立预测模型。具体而言，由各实验室数据的各项素质指标作为输入，则网络输入层中包含 4 个神经元，其输入分别是对实验室人才需求有影响的变量数据，即授权专利数量（X1）、固定资产投资（X2）、各项经费之和（X3）、制度数量（X4），以人才数量 Y 作为输出。因此，输入层的节点数为 4，输出层的节点数为 1。

在网络设计过程中，隐层神经元数的确定十分重要。隐层神经元个数太多，会加大网络计算量并容易产生过度拟合问题；神经元个数太少，则会影响网络性能，达不到预期效果。网络中隐层神经元的数目与实际问题的复杂程度、输入和输出层的神经元数以及对期望误差的设定有着直接的联系。目前，对于隐层神经元数目的确定，可采用经验公式 $hiddennum = \sqrt{m+n} + u$，m 为输入层节点个数，n 为输出层节点个数，u 一般为 1~10 之间的整数。本书结合部分省实验室文本数据与网络资料，挖掘历年来与科研水平、经费、制度与文化相关的数据，选择隐层神经元数目为 5。综上，本书确定 BP 神经网络预测模型为 4-5-1 的结构，如图 4-2 所示。

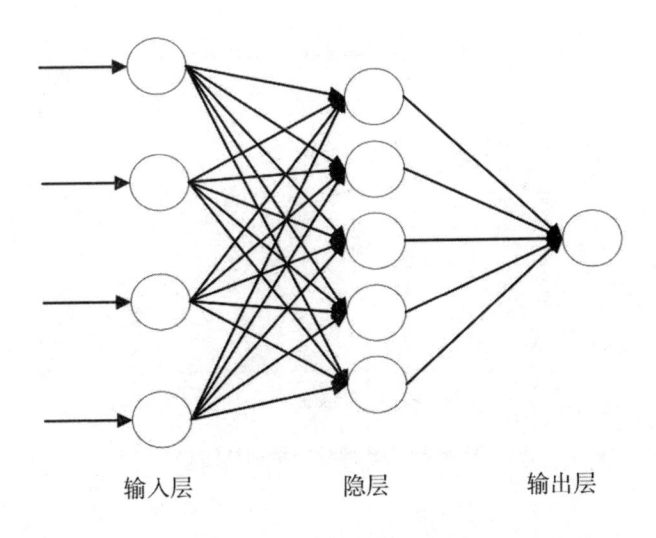

图 4-2 网络结构示意图

（二）网络训练

以 5 个已运行的湖北省实验室数据作为训练样本对网络进行训练。① 为提高训练效率，保证数据为同一数量级，本书在训练前首先利用 MATLAB 的 premnmx（）函数对输入输出数据进行归一化处理。然后通过调用 MATLAB 中的 newff（minmax（P），[4，5，1］，｛′tansig′，′tansig′，′purelin′｝，′trainlm′）函数来创建实验室人才需求预测的 BP 神经网络模型，设定网络的训练目标为 0.001，学习率为 0.01，最大训练次数为 5000 次。设定完参数后，开始训练网络。该网络通过 8 次重复学习达到期望误差后则完成学习。网络训练完成后，只需要将各项素质指标输入网络即可得到预测数据。

---

① 根据资料的保密要求，具体数据不在此展示。

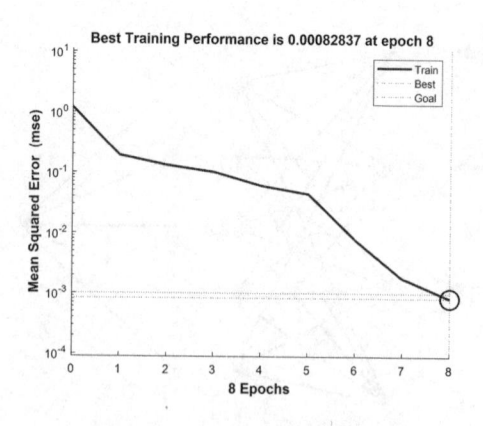

Best Training Performance is 0.00082837 at epoch 8

图 4-3　BP 神经网络训练过程

（三）预测结果分析

以某一省实验室为例，若该省实验室计划在 2023 年实现获得授权专利数量累计达到 200 项，固定资产投资 5 亿元，获得政府经费、企事业单位委托经费以及其他经费之和达到 10 亿元，完善实验室相关制度并建立系列制度累计达到 30 项，则输入预测 a＝［200；5；10；30］，输出结果为 196，即要实现以上目标，其配套的人才数量需达到 196 人（如图 4-4 所示）。

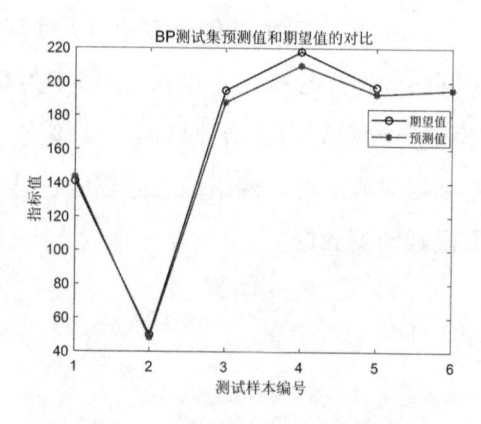

图 4-4　实际值与模拟值比较趋势

为保证 BP 神经网络模型具有良好的精度,采用残差检验方法对该模型的预测结果进行检验。计算残差如表 4-3 所示,该预测模型拟合程度较好,相对误差均小于 8.178%(一般相对误差小于 10% 为较好)表明 BP 神经网络预测模型具有非常优异的精度,利用此模型可以对实验室人才需求总量进行科学预测。

表 4-3 残差计算结果

样本序号	实际值	预测值	误差	相对误差
1	141	143.4948	2.4948	1.769%
2	50	48.4112	−1.5888	3.178%
3	195	187.9046	−7.0954	3.639%
4	197	209.7495	12.7495	6.472%
5	210	192.8254	−17.1746	8.178%

(四)有关建议

本书基于嵌入理论,在科研水平、经济实力、合作组织、制度与文化维度下,结合文本分析法获取到授权专利数量、固定资产投资、各项经费之和和制度数量等关键指标,并通过 BP 神经网络模型,借助 MATLAB 软件对省实验室人才需求进行预测。研究结果验证了 BP 神经网络模型对实验室人才需求预测的适用性,又为实验室人才需求预测提供了路径与方法。同时,目前研究在样本收集与数据挖掘上还存在一定的局限性与问题,有待在未来的研究中解决或避免,从而增强预测的科学性和准确性。

本书研究结果表明，省实验室科技人才规划工作是一个系统工程，涉及组织内外部环境因素中的方方面面，从实验室科研水平、经济实力、制度与文化等多方面协同发力，才能为实验室的发展奠定坚实的人才基础。基于此，本书得出三点启示与建议。

1. 提升自身科研实力，形成省实验室人才聚集的内生动力。省实验室科研水平与人才队伍建设工作是相辅相成的。良好的科研实力象征着实验室未来发展的潜力，既能为人才提供良好的平台与成长环境，又能为人才提供更多的资源。因此，省实验室科研实力是吸引人才的重要条件，强大的科研实力是人才聚集与人才队伍发展的内在动力。当前省实验室既要与国家重大战略需求相结合，又要聚焦产业转型升级，还要加强科研实力的积淀。

2. 促进多元化投入，为省实验室人才发展提供经济条件。省实验室科技人才队伍建设工作需要资金保障。当前省实验室建设涉及高校、科研院所、企业与政府等多方主体。对外，省实验室依托所在单位，通过省市区联动、部门协同，积极争取政府支持，并吸引优势企业、社会资本共同投入。对内，省实验室要加快成果转化，以服务地方经济带动自身的可持续发展。

3. 完善运行管理制度，为省实验室的稳定、和谐与可持续发展提供制度保障。从本书的研究结果可以看出，实验室人才规模与其制度规模存在一定联系。完善的实验室制度将为人才提供一个良好的环境，是吸引科技人才加盟的重要因素之一。现阶段，省实验室要注重外在物质条件的建设，为实验室工作人员创造一个安全、舒适的办公环境，还要注重软实力的打造，包括实验室制度建设、组织文化、服务体系等。

第五章

省实验室科技人才生态建构

党的二十大报告提出"完善科技创新体系，优化配置创新资源"。显然，省实验室既是国家战略科技力量的有效补充，又是带动区域高质量发展的重要引擎，在实施创新驱动发展战略中发挥重要作用。总体上，我国省实验室建设起点高，投入强度大，且点多面广，运行机制相对灵活，易于面向全球延揽高层次人才。但由于省实验室建设时间不长，科技人才集聚效应还不明显，战略科学家尤为薄弱，青年人才流动过于频繁，人才梯队缺乏顶层设计，服务体系还不完善。然而，现有的研究仅局限于省实验室的运行管理模式，对支撑省实验室发展的科技人才研究还远不够，尤其是如何依托省实验室"育才"还缺少研究。同时，学术界对创新生态系统的研究限于某个城市、区域、产业、企业，较少针对省实验室等微观形态加以生态学视角的剖析。而在建设世界重要人才中心和创新高地的过程中，恰恰是此类高水平新型研发平台对国际一流人才的聚集起到重要作用。因此，有必要以典型的省实验室为切面，剖析高水平新型研发机构科技人才生态的构成要素，总结和反思当前我国省实验室科技人才引进模式，研究依托省实验室加快战略人才力量培育的实施路径，在促进省实验室可持续发展的同时，为探索中国式科技人才战略提供新视角。

一、研究回顾

20世纪80年代,"实验室研究"成为国外人类学家、社会学家、哲学家研究的热点之一,产生了《物理与人理:对高能物理学家社区的人类学考察》等一系列研究成果①。近年来,国外学者注重国家实验室类型、目标与特点、基本属性和运行影响因素的研究。② 相对而言,我国建设国家实验室时间较短,庄越③、夏松④、周岱⑤、危怀安⑥等倡导借鉴美国等发达国家的实验室建设经验,通过对比分析探寻自我发展的道路。部分学者结合美、英、意等国外案例,对国家实验室的人

---

① TRAWEEK S, KERNAN A. Beamtimes and Lifetimes: The Word of High Energy Physicists [M]. Cambridge: Harvard University Press, 1988: 56-80.
② BOZEMAN B, CROW M. The Environments of U.S. R&D Laboratories: Political and Market Influences [J]. Policy Sciences, 1990, 23 (1): 25-56; SCHIFF S H. Future Missios for the National Laboratories [J]. Issues in Science and Technology, 1995, 12 (1): 28-30; HARTLEY D. The Future of the National Laboratories [EB/OL]. OSTI, 1997-12-31; JORDAN G B, STREIT L D, BINKLEY J S. Assessing and Improving the Effectiveness of National Research Laboratories [J]. IEEE Transactions on Engineering Management, 2003, 50 (2): 228-235.
③ 庄越, 叶一军. 我国国家重点实验室与美国国家实验室建设及管理的比较研究 [J]. 科学学与科学技术管理, 2003 (12): 21-24.
④ 夏松, 张金隆. 关于国家实验室建设的若干思考 [J]. 研究与发展管理, 2004 (5): 97-101, 119.
⑤ 周岱, 刘红玉, 赵加强, 等. 国家实验室的管理体制和运行机制分析与建构 [J]. 科研管理, 2008 (2): 154-165.
⑥ 危怀安, 胡艳辉. 卡文迪什实验室发展中的室主任作用机理 [J]. 科研管理, 2013, 34 (4): 137-143.

员配置、经费支持、资金来源、组建方式等开展研究。① 在省实验室研究方面，穆荣平等最早分析省实验室的建设动因，认为发挥地方政府积极性，探索"自下而上"的实验室建设路径，为加快组建国家实验室创造条件。② 曹方等分析省级实验室建设热潮背后存在的三大隐忧。③ 钟永恒等对国内三家省实验室的运行机制进行探索分析，并对我国省实验室的建设体系进行分析。④ 何科方对省实验室的概念加以界定，并以湖北为案例研究省实验室科技人才集聚机制。⑤ 不难看出，目前"省实验室"研究呈方兴未艾之势。

学界对人才生态的研究主要集中在人才培养方面，此后延展至不同种群、行业、区域的人才生态⑥，但多聚焦在宏观和中观层面。近年来，科技人才生态研究渐次增多。一个健康的科技创新人才生态应当具有多样性、异质性、互动性和开放性。⑦ 在创新人才生态的构建上需要

---

① 聂继凯，危怀安. 国家实验室建设过程及关键因子作用机理研究：以美国能源部17所国家实验室为例 [J]. 科学学与科学技术管理, 2015 (10): 50-58; 钟少颖. 美国国家实验室管理模式的主要特征 [J]. 理论导报, 2017 (5): 48-49; 冯泽, 王峤, 陈凯华. 国际一流高校国家实验室的管理机制与启示：以美国斯克里普斯海洋研究所为例 [J]. 全球科技经济瞭望, 2019 (4): 46-53; 李阳, 黄朝峰, 梅阳. 国家实验室如何走军民融合发展之路？——基于美国国防部MIT辐射实验室的实践 [J]. 科学管理研究, 2022 (6): 138-146.
② 王尔德. 之江实验：自下而上的国家实验室创建模式 [EB/OL]. 21世纪经济报道, 2018-06-05.
③ 曹方, 王凡, 魏颖. 地方布局冲刺国家实验室建设热潮后的冷思考 [J]. 科技中国, 2021 (1): 4-7.
④ 宋姗姗, 钟永恒, 刘佳. 我国省实验室的运行机制分析与经验启示：基于浙江之江、广东鹏城、上海张江的案例分析 [J]. 科学管理研究, 2022 (6): 84-91.
⑤ 何科方, 刘欣. 我国省实验室科技人才聚集的背景、现状与趋势 [J]. 实验室研究与探索, 2023 (3): 150-156.
⑥ 顾然, 商华. 基于生态系统理论的人才生态环境评价指标体系构建 [J]. 中国人口·资源与环境, 2017 (S1): 289-294.
⑦ 石长慧, 樊立宏, 何光喜. 中国科技创新人才生态系统的演化、问题与对策 [J]. 科技导报, 2019, 37 (10): 66-73.

具备"韧性治理"的能力建设。①

  国内外学者的前期研究虽然值得学习和借鉴，但仍有进一步拓展的空间。一方面，目前对省实验室的研究相对较为薄弱。表现在国家实验室研究成果较多，省实验室研究成果偏少；国际经验借鉴较多，本土案例研究较少；对实验室的"财"与"物"研究较多，而对科研人员的研究较少。另一方面，尽管创新生态的研究较为丰富，但目前对科技人才生态的研究偏重于国家、区域、城市等宏观层面，较少剖析中观、微观层面的科技人才生态，而这将影响国家人才战略落地的"最后一公里"。基于此，以国内成立较早，且人才规模最大的之江实验室为案例，运用实地观察、访谈等方法，深入研究省实验室科技人才生态如何建构，有哪些关键生态因子，这些生态因子对科技人才起到何种作用。

二、个案与材料

  之江实验室是浙江省 2020 年批准的首批 4 家省实验室之一，亦称智能科学与技术浙江省实验室，探索形成了以智能计算为核心，智能感知、人工智能、智能网络、智能计算和智能系统五大科研领域协同发展的科研布局，开展理论体系、技术体系、标准体系、软硬件平台、装备应用等全链路科学研究。其组织结构如图 5-1 所示。作为全国首家混合所有制事业单位性质的新型研发机构，之江实验室按照"政府主导、院校支撑、企业参与"形式组建，成效明显。2021 年，之江实验室纳入国家实验室体系，新华社瞭望智库称赞其为"地方新型研发机构走向国家战略科技力量的典型代表"②。

---

① 吴江. 打造更具韧性的创新人才生态系统 [J]. 世界科学，2020（S2）：32–34.
② 解码之江实验室：科技创新新型举国体制下的之江探索 [R/OL]. 瞭望智库，2022-09-05.

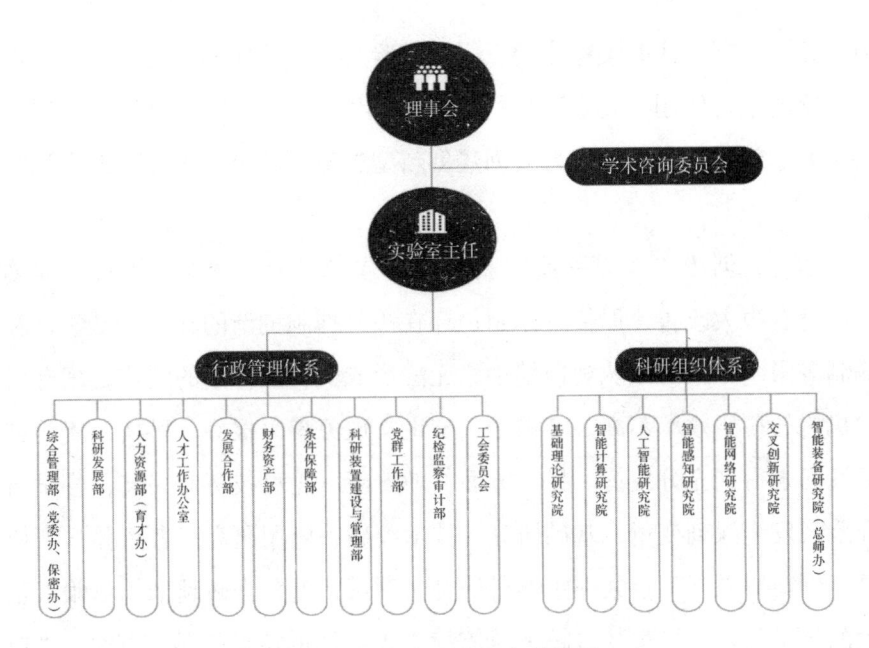

图 5-1　之江实验室组织结构图

之江实验室的创立，可以追溯到 2003 年中共浙江省委第十一届四次会议提出的"八八战略"。时任浙江省领导审时度势，基于省域具备的体制机制优势、区位优势、块状特色产业优势、城乡协调发展优势、生态优势、山海资源优势、环境优势和人文优势，提出面向未来发展的八项举措。自此，浙江省委、省政府坚持一张蓝图画到底，坚定不移践行"八八战略"。例如，结合块状特色产业优势和生态优势，浙江省率先发展特色小镇，快速形成"互联网+"产业，数字经济蓬勃发展，"城市大脑"一度引领全国。在狠抓数字经济"一号工程"的同时，浙江省领导居安思危，清醒地认识到浙江科技基础相对薄弱、优质创新资源较为缺乏、自主创新能力不够强。为此超前谋划，于 2017 年、2018 年《浙江省政府工作报告》中先后提出"积极推进省部共建国家实验室，加快杭州城西科创大走廊建设""把创新作为引领发展的第一动力，充分发挥人才的关键作用、之江实验室的引领作用、杭州城西科创大走廊的平台作用、高等院校的支撑作用"。随后，出台浙江省科技新政、人才新政，以超常规力度创建创新型省份，举全省之力建设之江实验室。

然而，创建"世界一流实验室"绝非易事。一方面，尽管目前创新环境有很大改善，但传统体制仍存在一些抑制创新的弊端，受学科和编制等限制，科研团队规模偏小，无法形成大兵团作战的模式，现有研发机构的科研效率不高，唯帽子、唯论文现象难以根除，科技人才的创造性尚未得到充分发挥。另一方面，随着新一轮科技革命兴起，科学研究范式发生深刻变革，基础研究、技术突破、应用研究三者边界日渐模糊，创新成果越来越集中于学科的交叉领域，重要突破越来越依赖于重大的科学装置，科学装置越来越依赖于大兵团的协同作战。显然，"单打独斗"和"包打天下"全谱系创新的科研模式已不适应大科学时代的科技创新，攻克"卡脖子"技术需要大兵团式、有组织的科研攻关。

因此，为了补齐基础研究短板，之江实验室亟须打破制度藩篱，整合多方资源，并探索解答如何真正以国家重大需求为牵引设立项目，而非仅凭科学家个人兴趣和能力；如何把全国最优科研力量组合在一起，解决国家最急需的"卡脖子"问题；如何调动地方政府和骨干企业投入基础研发的积极性，改变基础研究主要依靠国家投入的格局；如何营造一个最佳环境，让科学家更安心搞科研。[①] 近6年来，之江实验室坚持科技创新与体制机制创新"双轮驱动"，有效激活发展动能，形成科研组织模式新、科研管理模式新、成果转化机制新、科研与标准并进新"四新"模式，在探索科技创新新型举国体制的实践中走出来一条具有

---

① 朱涵. 之江实验室主任朱世强：新型研发机构要实现1+1+1>3 [EB/OL]. 瞭望新闻, 2021-09-22.

浙江特色、之江特色的新路径，为地方政府主导建设新型研发机构、打造国家战略科技力量提供了新思路，为新型举国体制下汇聚各类创新资源、加快建设高能级创新平台提供了新样板。

综上所述，选取之江实验室作为省实验室科技人才生态研究案例的原因：其一，之江实验室是国内成立较早的省实验室，集聚国内外顶尖科研团队和资源，建设大型科技基础设施和重大科研平台，建设开放协同的合作生态，为科学研究、数字经济、社会治理等领域提供新方法、新工具和新手段，抢占支撑未来智慧社会发展的战略高点，在全国百余家省实验室中脱颖而出，并纳入国家实验室体系，具有典型意义和推广价值；其二，目前之江实验室科技人才规模较大，包括战略科学家等不同类型人才主体，访谈对象更具有代表性，有利于深挖省实验室科技人才的行为特征与成长规律。

三、之江实验室科技人才生态的建构过程

基于对浙江省政府有关资料、之江实验室官方网站及瞭望智库研究报告等文献的梳理，从实验室的硬件（科研设施）、主体（人才队伍）和软件（文化建设）三个维度，剖析省实验室科技人才生态，并根据时间轴进行动态解析。

（一）实验室建设过程

之江实验室的建设过程可分为三个阶段（图5-2）。在此过程中，实验室物理空间不断扩大，从"小镇起步"到"南湖园区总部"再到"莫干山基地"。科研设施条件与平台不断完善，形成"1481"科研工程体系，即发起1个国际大科学计划，建设4个大科学装置，面向智能计算的重大应用，建设未来智能交通、智能社会治理等8个重大平台，滚动实施100个重大科研项目。实验室科研经费随之增长，重大项目经费超10亿元，且资金来源不断拓展，逐步形成多元化投入的局面。

（1）初创期（2017年8月21日—2021年3月4日）。之江实验室在杭州未来科技城"人工智能小镇"挂牌成立。随后相继成立之江实验室理事会、学术咨询委员会等，并聘任首席专家。实验室按照"一体、双核、多点"的组织架构运行，即建立以浙江省政府、浙江大学、阿里巴巴集团共同出资成立的之江实验室为一体，以浙江大学、阿里巴巴集团为双核，以国内外高校院所、央企民企优质创新资源为多点。在此期间，之江实验室"天枢"人工智能开源开放平台发布，获批浙江省首批省实验室——智能科学与技术浙江省实验室。①

（2）成长期（2021年3月4日—2022年9月6日）。之江实验室迁入南湖总部。实验室场地总规划用地约1358亩（约90万平方米），已建成的一期建设用地约613亩（约41万平方米），分为科研办公区和生活配套区，主要包括主楼、计算与数据中心、大科学装置、实验平台、各研究院（研究中心）用楼、行政会议中心、文化设施（展厅）、食堂、体育设施、学术交流中心以及人才公寓等。2021年10月31日，之江实验室启动建设浙江省首个大科学装置——智能计算数字反应堆，拉开之江实验室"1481"科研工程序幕。2022年9月5日，之江实验室举行重大科研成果发布会，发布智能计算、前沿基础研究及器件装备等领域的十余项最新科研成果。

（3）发展期（2022年9月6日—）。之江实验室第一个五年发展规划顺利实施，进入新征程。之江实验室联合发布《情感计算白皮书》，智能社会治理实验室入选浙江省首批3个哲学社会科学试点实验室。2023年6月，全国智能计算标准化工作组在之江实验室成立。之江实验室在德清设立科研"飞地"——AI莫干山基地，投资7亿元，总建

---

① 浙江省人民政府关于建设之江实验室等浙江省实验室的通知［EB/OL］.浙江省人民政府官网，2020-07-03.

筑面积约4.5万平方米，包括会议中心、服务中心、配套公寓、科研配套用房等，用于定期举办国内外重大学术会议和学术交流活动，集聚高端科研人才队伍和创新要素，推进人工智能产业及相关技术的发展。

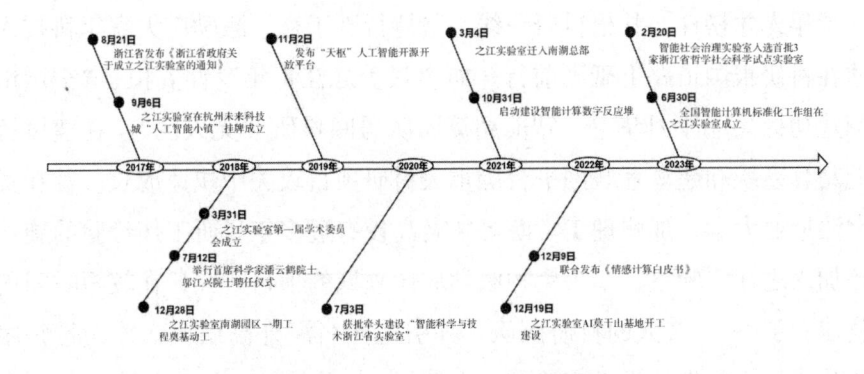

图5-2 之江实验室建设历程

（二）科技人才聚集过程

之江实验室科技人才规模不断扩大，从初创期的18人到发展期的4200人，其中全职2200人，科研带头人260余位，基本形成一支"领域专精、层次高端、梯队有序"的科技人才队伍。从年龄结构来看，35岁以下的研发人员占总量的80%，青年科技人才成为之江实验室的主力军。从人才总量来看，已呈逐年增长之势，预计未来将突破5000人规模（图5-3）。从人才聚集度看，之江实验室百人以上的团队15个，围绕重大项目攻关的人才群落正在形成。之江实验室科技人才引育策略包括以下四方面。

（1）以才引才，发挥人才优势种群的吸引力。实验室创办伊始，中国工程院院士潘云鹤受聘担任之江实验室人工智能领域首席科学家，中国工程院院士邬江兴受聘担任之江实验室网络安全领域首席科学家。2023年6月13日，英国皇家工程院院士Michael G. Somekh教授全职加盟，担任类人感知研究中心高级研究专家。至2022年年底，共有20余位两院院士、海外院士以首席科学家、项目负责人等方式加盟或参与之江实验室工作。

（2）标杆显才，提升优秀人才的辨识度、成就感。之江实验室树立青年人才榜样，扎根科研一线，坚持行胜于言，激励广大青年科技人才在科研报国道路上砥砺前行。如"最美之江青年"谢安桓、"全国巾帼建功标兵"李月华等。智能超算团队勇闯科研"无人区"，在建设智能超算系统和超算互联网平台等重大科研项目攻关中快速成长。曾在宾夕法尼亚大学、加州理工学院等知名高校有过多年科研工作经验的施钧辉加入之江实验室，牵头生物医学成像领域的项目研究，在较短时间内就建立了一支12人的科研团队，并引进4名海外高层次人才，带领团队建成指标领先的声学实验室，申请了16项专利，在《自然》子刊参与发表论文2篇。科研效率超出科研人员预期，也让海外人才对落户浙江充满信心。

（3）实战育才，形成人才聚集的强磁场。秉持"分层分类、实战育才"的人才培养理念，依托"之江书院"统筹建设人才培育体系，重点打造"领航计划"等培养项目，并坚持以创新质量和实际贡献为人才评价导向，贯通人才发展通道，全方位激活人才创新活力。智能网络研究院在国家级重大项目的申报、组织和实施过程中充分发挥青年科研人员作用，通过实战历练，让青年科研人员实现了从"个体研究、单点技术研究"向"融入大兵团作战、综合技术研究"的转变。

（4）快速聚才，建立灵活用人制度。针对基础研究人才成长周期长、发现遴选风险大等特点，积极采用"凡才为我所用"的多元聘任制度，以全职双聘、项目聘用、访问学者等方式会集各类高端基础研究人才，形成相对稳定、动态平衡的人才结构，增强适应应用性基础研究

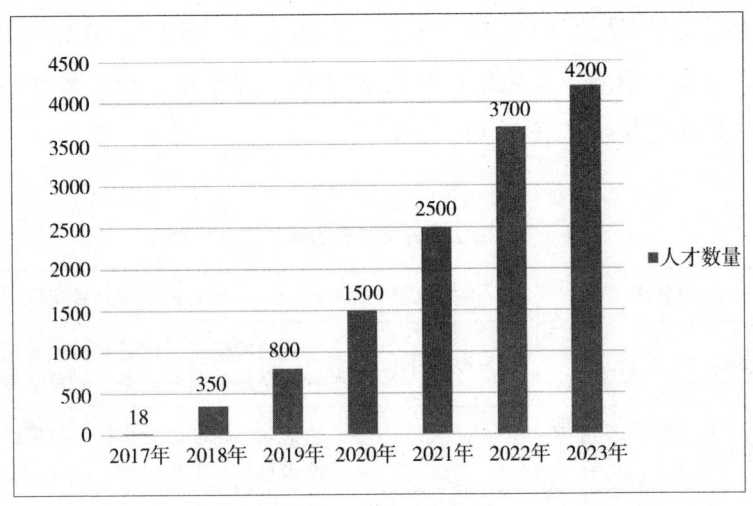

的自我调节能力和国际竞争能力。①

图 5-3 之江实验室科技人才数量（2017—2023）

人才聚集，集智攻关，开展有组织的科研，重大成果相继涌现。之江实验室连续 4 年集中发布重要科研成果，领域涵盖智能计算、前沿技术研究及重大器件装备，发表高水平论文 800 余篇，其中 Nature 和 Science 系列期刊文章 26 篇，在国际国内荣获多项重要奖项。2021 年，800G 光收发芯片技术入选世界互联网大会领先科技成果，智能超算研究中心凭借神威量子模拟器应用项目斩获 ACM"戈登·贝尔奖"。

（三）文化环境营造过程

之江实验室注重厚植文化根基。2018 年 5 月 9 日，时任浙江省省长、之江实验室理事长袁家军提出"登高望远、脚踏实地、追求卓越，以'无我境界'全力推进之江实验室建设"，为实验室塑造主流文化指明了方向。2019 年 12 月 31 日，之江实验室成立文化建设委员会并召开

---

① 朱世强. 加快构建高水平基础研究人才培养新平台［N］. 光明日报，2023-07-01（7）.

第一次会议，强化实验室文化建设顶层设计。2021年4月30日，《之江实验室文化工程实施方案》印发，启动"立心铸魂、制度融通、成风化人、以文塑韵、文化传播"五大文化工程建设，开展系列活动将五大工程落到实处（表5-1）。

表5-1 之江实验室举办的部分文化活动

活动名称	举办日期	活动内容及其效果
举办首场"之江讲坛"	2018年1月12日	邀请两院院士、图灵奖得主等顶尖学者分享最新研究成果，激发学术热情
举办首场"科学家精神宣讲报告会"	2019年12月6日	邀请知名科学家分享科研故事，传播弘扬科学家精神
举办首届"家庭开放日"活动	2020年12月5日	以"涵科学精神 养家国情怀 我的之江我的家"为主题
举办首场夏令营活动	2021年8月22日	来自杭州23所知名中学的60位同学走进之江实验室
成立之江实验室青年宣讲团	2021年9月14日	成为实验室弘扬理想信念、传播之江文化的重要力量
举办首届集体婚礼	2021年10月30日	18对实验室新人在集体婚礼上携手步入婚姻殿堂
"之江书院"自主打造文化培育模块	2022年4月15日	为新室友学习、领悟、交流之江文化提供重要平台
《之江实验室之歌》正式发布	2022年8月18日	以歌咏志，蓄起之江人奋战新征程的精神力量
展览中心正式建成运行	2022年8月18日	成为展示之江人、之江成果、之江精神的重要窗口
举办"笛韵·艺术进之江"音乐会	2022年9月20日	非遗及演奏家与人才互动，提高人文素养和艺术修养
出版"智能计算"丛书	2022年11月1日	系列梳理智能计算与材料、天文、制药、育种等学科交叉融合创新的研究成果，夯实智能计算理论体系

续表

活动名称	举办日期	活动内容及其效果
举办科技与人文论坛	2023年3月24日	多元融合、深度碰撞，寻找并打通科技与人文同根同源的天然桥梁

资料来源：根据之江实验室网站整理。

近年来，之江实验室通过精心打造、逐步积累沉淀，形成具有之江特色的高水平省实验室文化体系，具体包括五方面。

1. 心怀大我、至诚报国的价值文化。之江实验室凝练形成以"科学精神、家国情怀"为核心的实验室主流文化，引导全体之江人将个人理想融入国家事业，使科技报国成为大家共同的精神追求。一方面系统阐释之江文化内涵，之江书院开设的文化必修课——《建设卓越的实验室文化》，系统阐释实验室核心文化的内涵与外延，引导室友加强对"科学精神、家国情怀"的理解与认同。另一方面传承弘扬新时代科学家精神，姚玉峰、陈子辰、项浙学、许敏等专家做客之江实验室科学家精神宣讲报告会，以投身国家创新事业、奋战科研攻关一线的亲历视角，传播和弘扬新时代科学家精神。①

2. 跨界融合、开放协同的学术文化。之江实验室打造开放包容的创新文化，为不同学术观点提供自由争鸣的空间，拓宽学术视野，推动科研团队在跨界与融合中实现创造性突破、创新性发展。2022年共举办38期"之江学术堂"，增进实验室内部不同研究方向之间的学术交流，促进学科交叉融合发展，持续营造浓厚的学术创新氛围。打造国际学术交流平台，启动生物计算国际科学合作计划，举办生物计算国际学术会议、SPIE-CLP先进光子学论坛等国际学术交流活动，进一步促进

---

① 之江实验室文化建设集锦：心怀大我、至诚报国的价值文化［EB/OL］.之江实验室官网，2020-07-03.

实验室与国际顶尖高校、科研机构、学术期刊的交流合作，推动塑造更加开放包容的创新生态。

3. 追求卓越、守正创新的成长文化。之江书院是实验室实体化育才的重要平台，也是打造成长文化的主阵地。室友成长营活动以室友成长纪录片、之江故事分享为主要环节，多维度记录呈现5年来室友与实验室"共同成长、互相成就"的美好历程，以"之江室友成长礼"感恩仪式，进一步激发全体之江人志存高远、踔厉奋发、共创未来的信心和决心。

4. 使命驱动、集智攻关的科研文化。实验室始终面向国家重大战略需求，积极开展重大科研任务的顶层谋划与项目凝练，创新科研组织模式，整合力量开展协同攻关，引导科研人员勇担国家使命，勇闯科研"无人区"。

5. 服务科研、需求导向的人本文化。在提升科技人才的人文素养和艺术修养方面，2022年，实验室策划举办"笛韵·艺术进之江"音乐会，利用之江书院平台打造公开课《中国经典音乐文化赏析》，向室友开放之江图书馆，举办世界读书日活动暨实验室第一届读书节，不断提高室友的人文素养和艺术修养。

四、省实验室科技人才生态因子

之江实验室科技人才生态图景呈现以下特征：（1）政府主导。实验室的诞生源于省级政府创新驱动发展的强烈意愿，加上国家层面创建国家实验室的政策引导，使得构建之江实验室创新"微环境"纳入公共决策议程。（2）产业牵引。基于数字经济发展态势及产业共性需求，之江实验室选取基础性的智能科学与技术为主攻方向。国家战略与产业发展结合、高校院所与领军企业联手、政府投入与社会资本汇集，成为之江实验室"小生境"的独特标签。（3）设施一流。在省级政府部门强大投入、重点大学与知名企业的鼎力支持下，之江实验室研发条件、仪器设备、测试平台、大科学装置、科学家社区等硬件相继配备，为科技人才开展科学研究提供基础条件，知识生产者在之江实验室开始频繁活动。（4）文化引领。在实验室建设同时，精心塑造以"科学精神、家国情怀"为内核的组织文化，从而引致该领域的战略科学家等关键人才资源加快向之江汇集，情系"国之大者"。（5）资金充沛。围绕国家重大战略任务，在浙江省科技新政、人才新政及实验室自设项目经费支持下，一批学术带头人、青年科技人才相继加盟，人才链与资金链、创新链、产业链逐渐融合。随着科技人才生态的营养物质日渐富集，以大型团队为特征的人才群落形成。（6）制度先进。揭榜制、预算制、组阁制等制度密集出台，科技成果转化通道开启，体制机制不断创新，促进之江实验室的微循环，资源流动加快，科技人才生态环境持续改良，有利于科学家心无旁骛开展自由探索，为引育人才提供持续动力（图5-4）。

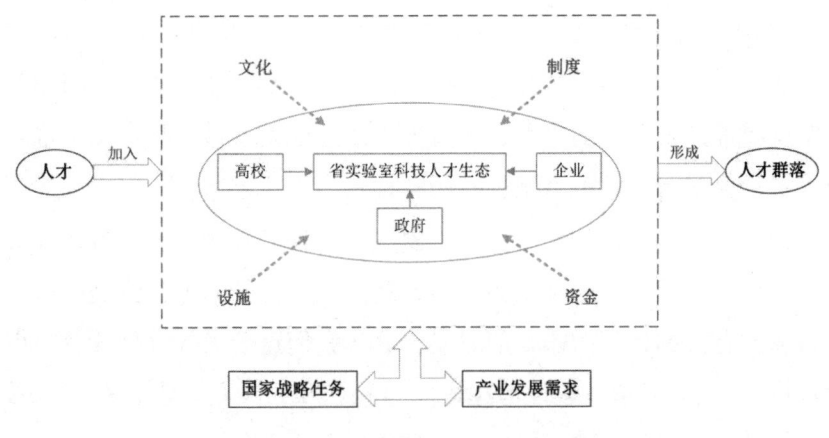

图5-4 之江实验室科技人才生态图景

基于以上图景可以看出，之江实验室科技人才生态因子至少包括科研设施、项目经费、人才团队、组织文化、体制机制等方面。为了探究不同类型科技人才对省实验室微环境的反应，通过到实验室现场观察，并结合之江实验室的一线科研人员和管理者、职能部门负责人等40余人的访谈，寻求上述5个因子对省实验室科技人才生态作用的证据。

（一）科研设施

之江实验室投入大额资金，启动建设了超高灵敏极弱磁场和惯性测量、多维超级感知、新一代工业控制系统信息安全大型实验装置等一批基础设施，建成并投入使用了人工智能开源平台、自主智能系统云脑平台、声学实验室等一批科研支撑平台，为智能科学与技术领域的科学研究与实验验证提供高精尖的条件支撑。正如之江实验室管理层BH所说："我们布局的是'科学—技术—工程'全链条创新，开展从前沿理论方法到关键技术攻关，再到新平台系统研究的贯通式科研，通过重大战略任务牵引、重大装置平台支撑以及全球化开放协作，推动一批前沿成果加速形成。"

其中，数字反应堆大科学装置对于海外高层次人才的吸引力较大。早在2004年加入微软亚洲研究院并从事Windows系统底层技术研究的高级研究专家、首席架构师PA回忆说："2021年的下半年，因为受到数字反应堆这个项目的吸引，我就加入了之江实验室。数字反应堆是一个大的计算平台，它可以把现有的各种算力聚合起来，所以它天然是一个支持异构计算的大计算平台，可以用于各种需要大计算任务的业务场景，比如说像天文、跟基因相关的、制药的、育种的等，就是各种场景里边需要有大的计算的需求的时候，其实我们这个大计算装置就可以发挥作用。"成立以来，累计承担国家级科研项目100余项，在国家重点研发计划、省部联动专项等重大任务中崭露头角。

同时，每位科学家可自主使用的仪器设备也十分重要。之江实验室为此耗费巨资，将实验室六大中心的各种研究设施、检测仪器配备齐全，确保研究人员放心使用。工程专家GX对此充满优越感："在这么大的资源下可以去做很多有意思的事情，更能体会到自己从硬件到软件到应用，在自主可控的操作系统和自由可控的软件站上，去执行代码的一个愉悦感。在之江能接触到这些非常昂贵的设施，而在大学你接触不到。"

科研设施与科技人才的互动紧密。之江实验室鼓励科研人员追寻极限，建成世界领先科研装置，例如，量子传感研究中心的科研人员为探寻极弱力的测量极限，白天开展基础理论研究和装置设计工作，深夜开展测量实验，披星戴月、夙兴夜寐。经过3年努力，成功研制出新一代极弱力测量科学装置，核心性能指标达国际领先水平。

（二）项目经费

兵马未动，粮草先行。项目资金的获取对于研发开展至关重要，而资助强度是吸引科技人才的重要因素之一。传感材料与器件研究中心的研究专家WD说："一方面，实验室启动资金的支持体量比较大，资助几百万资金，在两年这样相对比较宽松的时间内开展从0到1突破性的研究，这种机会其实在很多科研院所比较难得。另一方面，在争取国家和省部级项目时，能最大限度地发挥我们单位的作用，从各个层面争取到最好的资源。"对于新引进人才给予自设项目经费支持，之江实验室采取"揭榜挂帅"方式进行严格筛选。SJ博士是之江实验室引进的一位人才，经过两轮评审获得立项，他说："对科研人才和项目进行严格评审，通过评审后就提供充足经费以及各方面保障，让科研人员全身心投入科技前沿工作，我觉得这是之江实验室最大的体制机制特色。"

毋庸置疑，争取国家重大项目、国家人才项目对于省实验室发展意义重大。某种意义上，"写本子"争取到的项目经费为实验室科技人才生态提供了丰富的营养物质。某中心副主任YS说："经过两年发展，我们中心聚集了一批优秀的青年学者，在国家重大科研项目、国家级人才项目和重要奖励等方面均有斩获。同时聚拢了一批顶尖合作团队，构建了优质的科研朋友圈。"

除了各种纵向经费支持，实验室的影响力也为科研人员获得外部合作机会提供了有效的背书。工程专家QP说："其实有很多企业是非常愿意跟我们合作的，因为之江实验室的信用背书很强，所以有些数据可以给到我们，他也可以放心地让我们去给他开发算法。"

项目经费的使用是科研人员面对的重要因素之一。之江实验室实施预算制，这使项目负责人对资金使用的自主性、灵活性增强，并协调解决项目所需创新资源，为人才松绑赋能。出台了《科研项目过程管理办法》等多项制度，对每个项目执行"红黄蓝绿"四色预警，提升项目推进质量与进度。正如高级研究人员PA所言："我们在这个平台上工作的时候，其实不用过于担心，比如说这些项目的经费，还有传统科研人员的这种考核方式。那么我的整体感受是，要干大事，来之江。"

（三）人才团队

从实验室的人才结构看，包括战略科学家、科技领军人才和青年科技人才。战略科学家是实验室科技人才的优势种群，对青年科技人才具有吸引作用。工程专家GX说："像P老师这种操作系统的专家，他一点拨有时候会让你少走很多弯路，因为这些设计理念从架构设计到实施，我们只是说在贯彻体会这种设计的一些理念，很多时候你没有经历过，你是体会不到这种设计理念的一些先进性的。"对此，高级工程专员LY也持相同观点，他说："这边有许多大牛，他们在科研领域和技术领域有明确的前瞻性，可以指导我们更快地成长，更快地达成科研成果。"

副院长、高级研究专家LZ反复强调团队的重要性："比如说你有一个特别大的科研项目需要攻关的时候，实验室可以临时调配特别多的相关的科研人员帮你一起组成一个大兵团进行集中的攻关。"这一点在研究专家SX那里也得到了证实，他说："一方面，可以提供我整个团队，对我的研究感兴趣的，我对团队的其他成员也感兴趣，都可以互相学习、互相进步。另一方面团队成员比较年轻，工作热情高，每个团队成员都能同时获得一种信任，就觉得他们都那么努力，好像跟他们在一起没有'猪队友'，大家都是'神辅助'。"之江实验室联合中科院等有关机构，开展科技人才胜任特征模型成长评估，完成了基于LBS大数据集成的职业特性和心理特征的人职智能匹配研究，以加强人才团队的建设。

此外，为了加强科技人才团队建设，实验室成立之江书院，紧紧围绕人才发展需求，启动"启航计划""领航计划""扬帆计划"等人才培育项目，建设梯队化讲师队伍，探索平台化线上学习运营，打造开放式学术社团，全面塑造实验室人才培育体系。

（四）组织文化

战略在组织中具有统领作用，是组织文化的最高层次。之江实验室创建之初就明确了战略方向，这对科技人才的凝聚功能是巨大的。正如高级研究专家WX说："我是做人工智能的，从国外回来后在高校和工业界都待过。之江实验室是两者兼容。从实验室整体布局看，不做别人重复性的工作，我们实验室的院士一直在推动后一轮、下一次人工智能的革命，可能就是要做数据和知识的双轮驱动。实验室这些领导是有这种视野的，方向驱动我们要做到最大最强，深度学习只是一项技术，只是一个突破口。"

之江实验室打造以"科学精神、家国情怀"为内核的实验室文化，将科学家的家国情怀与个人发展结合起来，做有使命的科研。[①] 担任实验室某研究院副院长的高级研究专家LZ说："家国情怀对我们科研工

---

① Chat to 之江科学家：什么是你的科研关键词［EB/OL］. 之江实验室官网，2020-07-03.

作者来讲是非常重要的一个内驱力，虽然在国外已拿到较好的职位，但我觉得自己是一个中国人，又做信息安全，要回到我们自己的国家，把我自己所学的一些东西真正帮助到我们国家，然后帮助到我们整个社会。"正是在这种家国情怀的感召下，科研人员不畏艰难，以奋斗姿态勇攀高峰。之江实验室多次组织骨干科研力量赴深海、高原、沙漠进行实验测试，不惧风雪、不舍昼夜、潜心科研，成功在实战中验证技术先进性和装备系统性能。正如《之江实验室之歌》所描述的"山少揽于虚怀，乾坤自在心间，蓄起破晓光明，照亮未知之境"。实验室文化成为集聚科技人才的重要因素。

之江实验室坚持以人为本，聚焦室友文化需求，丰富员工人文滋养，提升文化服务温度，不断增强文化向心力，丰富室友业余文体艺术活动。之江实验室工会积极引导每位室友喜欢上一项文化艺术体育活动，目前已组织成立羽毛球、篮球、合唱、雅艺等9个职工社团，较好地满足了室友多元化文体艺术需求，以丰富文化供给增进沟通交流，增强实验室文化凝聚力和向心力。通过频繁地组织交流研讨，让科技人才形成内驱力，做有趣的科研。经常参加研讨会的研究专家CG说："我们这样的会每周都会进行，而且每周都有5次，因为我们本身是个交叉团队，让大家以每周为单位了解其他团队使用的方法、关注的问题，自己的方法是否有帮助……以这样的一个平台为基础，我们还可以去找更多的人，吸引更多人加入，一起来完成这个拼图。"之江实验室构建"科学+"跨界文化，实验室设立交叉创新研究院，致力于探索学术跨界融合、科研跨界合作的新路径与新生态。

（五）体制机制

之江实验室一直在探索建成科技体制改革创新的先导区，破解传统科研机构面临的诸多难题。之江实验室由浙江省人民政府、浙江大学、知名企业共同设立，其特点在于能够发挥政府、高校、企业各自优势，实现 1+1+1>3 的效果。之江实验室主任 ZS 说："一方面，政府主导、财政支持，能够有效避免企业因市场驱动可能带来的技术创新短板，确保实验室的科研方向始终咬住国家目标不放松，另一方面，我们在运行管理和薪酬激励等方面也可以大胆吸收企业做法，既有利于破解高校教学科研矛盾突出、传统体制带来的人才流动难等问题，在主攻方向上又可以合理分工，让专业的人做专业事。"

之江实验室组织管理的一大特色是在对立中追求统一，将有组织的科研与宽松自由的环境有机结合。高级研究专家、首席架构师 PA 说："我们在这个平台上工作的时候，其实不用过于担心，比如说传统科研人员的这种考核方式，我们其实是可以解绑的，那我们可以安心地把事情做出来。"有多年企业工作经验后来加入之江实验室的高级工程专家 DM 说："企业如同一个非常高效的商业机器，每个人其实是严丝合缝的一个螺丝的环节，时间久了有些东西你也就磨损了，一些好奇心也会在这个跟零件的卡合过程中间磨没了。我觉得实验室确实是充分地给了我们一个自由，可以说很多事情上我们接近的是一个创业者的心态，只是没有创业者的那个压力。"DM 的丈夫 ZQ 对此进一步补充："她回家可能更爱聊一些科研的思路跟想法，可能比原来更有激情了，对现在手上做的事情也很有热情。来这边听得最多的一句话可能就是破四唯。实验室主任这个层面是非常看战功的。就是你做出了什么，我才能给你更大的一个帽子，而不是因为你活到了这个年份上，这就是一个非常好的激励。"一切围绕科研，全力服务科研。将干事创业的文化内化于心、外化于行，并通过典型人物的塑造，营造人人争先的科研氛围。ZQ 分享他作为一个局外人的感受："他很年轻，但他承担了非常重要的项目，而且大家像看明星一样看他，比如说那个机器人中心的副主任，他应该非常年轻，但是他在我们心里面真的是像英雄一样。"

同时，实验室考虑到科学家与科研设施的邻近性，在实验室周边建设"方中智海"科学家社区，提高科研设施使用的便利性，通过构建"职住一体"的实验室人才关怀体系，提升人才工作生活幸福感。研究专家WD说："我自己一个人住在可能120多平方米四室的一个空间里，每天几分钟就能到实验室。"此外，实验室条件保障部积极服务广大室友，持续完善社区生活功能，完成托育园、会客空间、超市、食堂等公共服务场所设施配套建设。

五、省实验室科技人才生态因子的作用

通过以上访谈资料分析，结合之江实验室相关研究成果、文献资料可以发现，省实验室科技人才生态因子可以分为两类：一类是显性因子，例如，影响省实验室运行的人、财、物，包括实验室科研设施、项目经费和人才团队，是有形的、可以识别。另一类是隐性因子，包括省实验室组织文化、体制机制等，是无形的，但发挥重要作用。这些生态因子作为介质，吸引知识流、人才流、资金流、信息流、政策流、物资流等外部资源与省实验室进行交互，并促进省实验室关联的知识生产者、知识扩散者和知识应用者之间协同合作，进而维护省实验室科技人才生态的营养均衡（图5-5）。

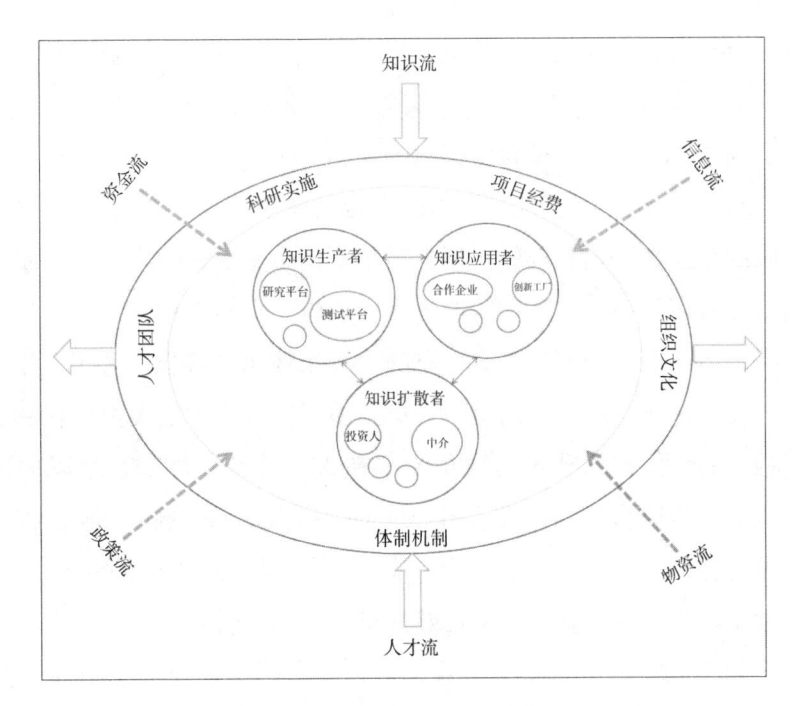

图 5-5　省实验室科技人才生态因子

上述因子对省实验室科技人才生态的作用主要体现在四方面。

1. 直接效应。一方面，正如生物体一样，生态因子的存在构成了维持省实验室健康运行、促进科技人才成长的营养物质和理化条件。之江实验室能在较短时间跻身"国家队"，离不开浙江省委、省政府的英明决策、统筹协调及持之以恒的资金投入，从之江实验室招兵买马，到大科学装置建设，再到征地上千亩的南湖园区兴建，耗资巨大；离不开浙江大学的鼎力支持，在创办初期集中优势科研资源为之江实验室提供研发条件，室校联动引进人才团队，积极争取各类项目资源；离不开阿里巴巴达摩研究院撬动市场资源，为科研人员提供研究选题、应用场景、转化通道，将营养能级不断放大。另一方面，之江实验室作为"四不像"新型研发机构探索形成的"四新"模式，激发了科研人员创新的无穷动力。之江实验室文化建设"五大工程"的实施与不断完善的人文关怀体系,特别居住区与实验室的邻近性、面对面交流的经常性,有利于诱发科研人员自由探索的灵感。

2. 间接效应。生态因子作用的直接对象是个体,但通过科技人才个体间的交互又影响到群体。通常情况下,生态因子的作用与人才个体的适应性密切相关,在不同阶段个体的适应性也不大相同。从生物学上讲,当新旧环境差别太显著时,有的生物个体可能需要"驯化"过程。同理,较长时间旅居海外的留学人员回国工作过程中,大多也有一个适应过程,而且他们的融入往往需要"熟人"介绍。例如,全职加入之江实验室的英国皇家科学院院士 Michael G. Somekh 教授,他的加盟得益于先前已加入之江实验室,并与他长期合作的类人感知研究中心高级专家袁小聪。显然,省实验室良好的口碑对于吸引人才至关重要。

3. 综合效应。从植物学上看,多种生态因子形成一个整体对植物的成长和发育起到作用,因为生态因子往往相互关联,如光照强度增加会引起温度升高。省实验室科技人才的成长机理与之相似,一流的研发平台吸引一流人才团队,一流人才团队又会取得一流研究成果,更易于争取丰厚的资金支持,为青年科技人才成长创造有利条件。近年来,之江实验室不断夯实智能计算"中国定义",逐步形成智能计算体系化优势,在理论体系与理论阵地建设、学术交流平台打造、标准与规范制定等方面形成了广泛的学术影响力,进一步夯实智能计算理论基础,在更大范围内凝聚学术共识。很显然,之江实验室正在形成一种跨界、共享的特定"场域",为一流人才脱颖而出创造微环境。

4. 累积效应。正如植物生长发育的不同阶段对生态因子的质与量要求不同,科技人才成长需要精准施策,提供源源不断的营养供给,形成累积效应。多年来,之江实验室通过政府主导、财政支持,有效摒弃企业技术创新的功利性,确保实验室的科研方向始终紧跟国家目标不放松；与高校深度融合，充分依托其在学科建设和基础研究方面的优势，推动实验室的科技创新始终走在科学前沿；在运行管理和薪酬激励等方面大胆吸收企业做法，实行全员聘任制和以科研任务为纽带、全职与流动相结合的灵活用人机制，建立了一支层次结构合理、充满创新活力的高水平创新队伍，形成智能科技领域人才的快速集聚。当然，正如德国科学家李比希（Justus Von Liebig）在作物栽培实践中观察到的，作物需要一定种类和数量的矿物养分，当某种矿物养分处于其临界最低值时，它对作物的产量影响最大。故要防止营养"最低率"对科技人才的不利影响，加强对人才生态位的评估观测，及时解决科技人才营养不足的问题。

在科技自立自强背景下，充分调动地方政府积极性，建设省实验室等高水平研发机构，通过"自上而下"与"自下而上"相结合的方式汇聚创新资源，加快建设世界重要人才中心和创新高地，是新型科技举国体制下我国培育战略科技力量的有效途径。本书以之江实验室为案例，剖析省实验室科技人才生态的基本构成与关键因子，并运用科技人类学的访谈、田野调查方法，分析生态因子对科技人才聚集的影响作用，为促进省实验室高质量发展提供参考，探索依托省实验室打造科技人才"栖息地"的有效路径。需要指出，之江实验室作为一所新型研发机构还处于发展初期，如何维持政府、高校、企业等多主体的参与积极性，形成创新资源持续流动的优良生态，如何将微环境的体制机制创新与现行制度耦合对接，做到既规范有序又活力迸发，有待进一步观察。同时，之江实验室尽管有一定代表性，但全国省实验室千差万别，本书采用单案例研究有一定局限性，今后还需进行跨区域多案例研究，并开展一定的实证研究和规范研究，不断拓展省实验室科技人才生态的研究视域。

第六章

省实验室科技人才生态的环境营造

在国外,学者对国家实验室进行全面、深刻的研究。例如,美国人类学家特拉维克(Jason Trawick)在其著作《物理与人理:对高能物理学家社区的人类学考察》一书中,对美国高能物理实验室的环境这样描述:"斯坦福直线加速器中心位于旧金山以南30英里(约48千米)处,静静地坐落于景色宜人的圣克鲁斯山东边的山脚下,紧邻斯坦福大学。在秋季多雨的日子里,绵延起伏的草地变得像孔雀石一样,呈现出淡淡的蓝绿色……清澈的空气和舒卷的云彩勾勒出代阿布洛山的雄姿,隔着旧金山湾人们可以远远看到它。夏季强烈而干燥的阳光,把高大的橡树描绘成缓慢移动的小小的弧形阴影,投射在静寂的、金黄色的草地上。"① 这家成立于1962年的实验室历史上共有6位科学家及研究人员曾获得诺贝尔奖。相比国外实验室较长的历史积淀,我国省实验室建设尚处于起步阶段。十年树木,百年树人。省实验室环境营造对于吸引高水平科技人才集聚,并加快形成省实验室发展的优良生态十分关键。

在省域范围内,通常省实验室的投资较为巨大,可以称得上是某一省的"重大科技基础设施"。聂继凯梳理费米国家加速器实验室加速器

---

① 特拉维克. 物理与人理:对高能物理学家社区的人类学考察 [M]. 刘珺珺,张大川,译. 上海:上海科技教育出版社,2003:23.

复合体60余年演化史，提炼出常规性重大科技基础设施的生命周期演化路径，包括孕育、形成、发展、成熟、维持、衰退、消亡七个阶段。对目前我国正在发展的省实验室而言，大多尚处于其生命周期的孕育、形成与发展阶段。从硬件来看，此阶段的环境营造重点是省实验室的命名、选址、空间规划及研发设施配置。①

一、省实验室的命名模式

目前，我国省实验室的命名方式多样，主要有以下三种类型。

（一）结合地名（人名）命名

将省实验室命名为"地名+实验室""山川+实验室"。例如，北京、上海、浙江、湖北、四川、湖南、重庆等地。北京市先后设立中关村实验室、昌平实验室、怀柔实验室；上海市成立张江实验室、临港实验室、浦江实验室；浙江省则以"江、河、湖、海、山"命名，先后创办之江实验室、湖畔实验室、西湖实验室、良渚实验室、甬江实验室、瓯江实验室、东海实验室、白马湖实验室、天目山实验室、湘湖实验室；湖北省相继成立光谷实验室、珞珈实验室、江夏实验室、洪山实验室、江城实验室、东湖实验室、九峰山实验室、三峡实验室、隆中实验室；四川省统一以"天府"为前缀，成立天府兴隆湖实验室、天府永兴实验室、天府绛溪实验室、天府锦城实验室；湖南省结合当地历史名胜，成立岳麓山工业创新中心、岳麓山实验室、湘江实验室、芙蓉实验室四大省实验室，并在长沙、岳阳等地挂牌设立洞庭实验室、麓山实验室、衡山实验室、潇湘实验室，作为岳麓山工业创新中心的节点实验室。

---

① 聂继凯.重大科技基础设施生命周期演化路径及其影响因素研究：以费米国家加速器实验室加速器复合体为例[J].自然辩证法研究，2021，37（11）：76-80.

也有少量省实验室结合历史上的科学家、实业家来命名。

例如，山西省后稷实验室（杂粮生物育种山西省实验室）是以杂粮种质创新与分子育种山西省重点实验室为基础，联合中国农业科学院作物科学研究所共建的杂粮省实验室。取名后稷，是为了纪念中华农耕文明之始祖。后稷出生于山西稷山，有史料记载后稷"教民稼穑，树艺五谷；五谷熟，而民人育"。

福建省的嘉庚创新实验室，全称福建能源材料科学与技术创新实验室，于2019年9月由福建省政府批准设立，是福建省首批四家省创新实验室之一。实验室依托厦门大学建设，是第一个冠有厦大校主陈嘉庚先生名字的实体实验室，是厦门市政府和厦门大学共同举办的第一家事业单位，力争打造能源材料领域的国家级战略科技力量。

湖北省的时珍实验室，立足湖北省中医药资源和李时珍中医药文化优势，重点围绕老年健康重大基础性问题，揭示老年病发病规律与科学内涵，制订老年病防治方案，促进老年病防治大健康产品开发与相关中药资源可持续利用，提升人口老龄化应对能力，助力解决国家重大需求。

（二）结合研究领域命名

在广东、安徽、山东、天津、江西、山西、陕西、云南、河北等地，省实验室的命名多冠以相关研究领域。例如，广东省先后成立再生医学与健康广东省实验室、网络空间与技术广东省实验室、先进制造科学与技术广东省实验室、材料科学与技术广东省实验室、化学与精细化工广东省实验室、南方海洋科学与工程广东省实验室、生命信息与生物医药广东省实验室、岭南现代农业科学与技术广东实验室、先进能源科学与技术广东省实验室、人工智能与数字经济广东省实验室10个省实验室。此外，陕西省成立空天动力陕西省实验室、种业陕西省实验室，江西省成立复合半导体江西省实验室，等等。

(三) 结合"地名+研究领域"命名

例如，江苏省的网络通信与安全紫金山实验室、山东省的青岛新能源省实验室、海南省的崖州湾种子实验室、河北省的钢铁实验室、河南省的中原食品实验室、青海省的青藏高原种质资源研究与利用实验室等，体现出行业特色与地理独特性。再如，天津市成立物质绿色创造与制造海河实验室、细胞生态海河实验室、天津现代中医药海河实验室、先进计算与关键软件（信创）海河实验室、合成生物学海河实验室。这几家省实验室的行业特征鲜明，并结合天津的地理文化而命名。因为天津位于渤海之滨、海河之畔，海河被誉为天津的母亲河。某种意义上，海河赋予了天津特有的文化张力，也标志着天津的文化走向与魅力，具备了深沉的历史底蕴与丰富的文化内涵。

需要指出，部分省实验室为了打造地方品牌，提升吸引力，不断强化省实验室的地域特征，其名称趋向"地名+"。例如，先进制造科学与技术广东省实验室称为季华实验室，该实验室由广东省佛山市投巨资建设，佛山古称季华，故以季华命名。再如，山东省的烟台先进材料与绿色制造省实验室，简称八角湾实验室，因为八角湾是生态环境部公布的美丽海湾，对科技人才更具有吸引力。

二、省实验室的选址模式

我国省实验室的选址有依山傍水型、院（校）内扩建型、园区兴建型三种模式。

(一) 依山傍水型

这类省实验室选址于名山秀水间，既有厚重的历史底蕴，又有秀美的自然景观。如浙江省天目山实验室、广东省季华实验室、四川省天府兴隆湖实验室等。

天目山实验室（航空浙江省实验室）地处天目山下，位于杭州城西科创大走廊，是浙江省第三批省实验室之一。天目山古名浮玉，据《元和郡县志》记载，天目山"有两峰，峰顶各一池，左右相称，名曰天目"，是中国中亚热带常绿阔叶林保存较好的地区。天目山地质古老，山体形成于距今1.5亿年前的燕山期，是"江南古陆"的一部分。地貌独特，地形复杂，被称为"华东地区古冰川遗址之典型"。峭壁突兀，怪石林立，峡谷众多，自然景观优美，堪称"江南奇山"。从气候上看，天目山地处中亚热带北缘，又由于独特的山体影响，形成冬暖夏凉的小气候，年平均气温14℃。林木茂密，流水淙淙，造就了丰富的"负离子"和其他对人体有益的气态物质。天目山实验室聚焦超声速绿色民机新原理，在"超声速绿色民机智能设计、绿色民用航空发动机一体化设计、高性能航空材料与先进制造、智能飞行管理与高效机载能量综合"四大方向开展前沿基础研究和应用基础研究，下设4个研究中心和5个公共研究平台。

季华实验室选址于佛山市三龙湾科技城核心区域，位于广佛交界的文翰湖畔，毗邻广州南站，占地1000亩（约67万平方米），其中科研用地238亩（约16万平方米），建筑面积30万平方米。首期5年建设期投入总经费约69亿元，打造先进制造科学与技术领域国内一流、国际高端的战略科技创新平台。实验室园区一期建设项目12.8万平方米于2020年12月正式投入使用，荣获"中国建筑工程鲁班奖"（国家优质工程奖），实现佛山市近14年来"鲁班奖"零的突破。

天府兴隆湖实验室坐落于成都科学城鹿溪智谷科学中心，位于秀美的兴隆湖畔。兴隆湖占地面积30万平方米，其中水面11.6万平方米，蓄水量超过1000万立方米，有绿地、绿岛、廊道等景观设施，西部（成都）科学城、成渝综合性科学中心、天府兴隆湖实验室围绕其中。天府兴隆湖实验室聚焦信息光子学、能量光子学、材料光子学、生医光子学和光子科学仪器设施五大研究方向，开展光电材料、光电器件及光电系统研究，打造世界一流的光学工程研究中心。

（二）院（校）内扩建型

这类省实验室选址位于重点高校或科研院所内，利用与高校的地理邻近优势，共享院（校）科技人文资源。比较典型的有南方海洋科学与工程广东省实验室（珠海）、福建省嘉庚创新实验室、湖北省洪山实验室等。

南方海洋科学与工程广东省实验室（珠海）位于中山大学珠海校区海洋学科楼群，主楼建筑面积超过16万平方米。已汇聚各类人才1115人，其中国家级高层次人才116人，形成了领军科学家牵头、中青年科技骨干为主体、综合实力不断提升的人才队伍。

福建省嘉庚创新实验室位于厦门大学翔安校区内，拥有5栋能源材料大楼，总面积逾7万平方米。打造能源材料领域的"科技加速器"和"产业发动机"，布局高效能源存储、低碳能源系统、未来显示技术、石墨烯等先进材料、仪器装备网络、能源政策智库等研发方向。现有人员规模500余人，其中研发人员150余人，技术支撑人员50余人，管理服务人员30余人，硕博士生等300余人。

湖北省洪山实验室位于华中农业大学校内，聚焦生物育种领域，实体建筑总规划设计13万平方米，由科技创新研究楼群与科技成果孵化楼两部分组成，分四期完成建设，一期已完工。目前，该实验室吸纳研究人员230名，会聚院士7名，杰青、长江等国家级高层次人才98名，国家自然科学基金创新研究群体6个，初步形成了在全球具有重要影响力的生物育种创新人才队伍。

（三）园区兴建型

这类省实验室选址位于科技园区，发挥"产业大脑"研发功能，助力园区培育新兴产业。比较典型的有再生医学与健康广东省实验室

（广州生物岛实验室）、山东省泉城实验室、海南省崖州湾种子实验室、辽宁材料实验室等。

再生医学与健康广东省实验室（广州生物岛实验室）成立于2017年12月，坐落在广州国际生物岛，是广东省启动建设的首批省实验室之一。2023年元月，在钟南山院士等见证下，生物岛实验室入驻位于广州国际生物岛标准产业单元四期新研发大楼，主要布局产业化团队，并与大学和头部企业共建联合研究中心，孵化科技型企业。

泉城实验室目前位于国家超算济南中心科技园3号楼。泉城实验室园区项目拟定于济南市历城区中北部的人工智能谷北区，北起经十东路、南至虎山路、西至春暄路、东至彩龙路，项目范围内土地总面积138亩（约9万平方米），土地性质为新型产业用地。该项目的总体规划为"一室三区"。其中，"一室"为泉城实验室，"三区"分别为科研创新区、安全试验场与设备生产区、产业创新区。科研创新区用于满足实验室科学研究、技术研发、行政管理等需求。安全试验场与设备生产区用于满足建设未来互联网基础设施、网络空间安全试验平台，获取各类实验环境，成为汇聚研发力量的载体。产业创新区用于满足后期业务需求和发展规划，满足孵化或引进相关企业30~50家的空间载体需求，以及基于成果转移转化的合作团队需求。

崖州湾种子实验室成立于2021年5月，是海南省为服务国家"南繁硅谷"建设和种业发展而设立的新型研发机构。种子实验室坐落在三亚崖州湾科技城，依托南繁科研育种基地，种子实验室聚焦种子创新中的重大科学与技术问题，打造种业领域全产业链科技创新平台。三亚崖州湾科技城位于三亚市西部，是海南自由贸易港11个重点园区之一，规划面积为26.1平方千米，包括"一港、三城、一基地"五部分，即南山港、南繁科技城、三亚深海科技城、三亚崖州湾大学城和全球动植物种质资源引进中转基地。

辽宁材料实验室坐落于辽宁省沈阳市浑南新区科技城，园区占地854亩（约57万平方米），由32栋各类实验室组成的建筑群总面积超过35万平方米，可容纳2000余名科研人员和研究生开展研究。2023年7月，该实验室首台大型仪器设备——三维原子探针于日前顺利完成安装调试，进入验收和培训阶段。

三、省实验室的空间规划模式

目前，我国省实验室的空间规划可分为省域层面和单体层面两个维度。

（一）省域层面的省实验室布局

在省域层面，结合我国省实验室的建设状况，各地省实验室的空间布局主要体现为单体并行模式与网络化模式两种。

目前，由于多数省实验室处于起步阶段，单体并行模式较为常见。以浙江省为例，从2017年到2022年，浙江省先后建成之江实验室、湖畔实验室、良渚实验室、西湖实验室、瓯江实验室、甬江实验室、天目山实验室、白马湖实验室、东海实验室和湘湖实验室10家省实验室。从地域分布看，在杭州布局7个，宁波、温州、舟山各1家，其中杭州余杭区4家。从发展轨迹看，逐步从杭州城西科创大走廊扩展到宁波甬江、温州大罗山科创走廊，再到将舟山、杭州城南的滨江和萧山串珠成链，形成"一廊引领、多廊融通"的创新空间格局。

近年来，广东省实验室探索"中心+网络"建设模式，从第二批开始实行网络化布局。从数量上看，虽然广东省先后分三批批准建设10家省实验室，但由于采取"主体+分中心""三地同步""两点布局"等网络化模式布局，实际上挂牌的省实验室数量达23家，基本上实现了全省覆盖（表6-1）。

表 6-1 广东省实验室区域分布（2017—2023）

批次	获批准的省实验室名称	所在城市（实验室简称）	建设模式
第一批	再生医学与健康广东省实验室	广州市（生物岛实验室）	单体并行模式
	网络空间科学与技术广东省实验室	深圳市（鹏城实验室）	
	先进制造科学与技术广东省实验室	佛山市（季华实验室）	
	材料科学与技术广东省实验室	东莞市（松山湖材料实验室）	
第二批	化学与精细化工广东省实验室	汕头市（汕头实验室）潮州市（韩江实验室）揭阳市（榕江实验室）	"主体+分中心"模式
	南方海洋科学与工程广东省实验室	广州市（广州海洋实验室）珠海市（南方海洋实验室）湛江市（湛江湾实验室）	"三地同步"模式
	生命信息与生物医药广东省实验室	深圳市（深圳湾实验室）	单体并行模式
第三批	岭南现代农业科学与技术广东省实验室	广州市（广州实验室）深圳市（深圳实验室）茂名市（茂名实验室）肇庆市（西江实验室）云浮市（云浮实验室）河源市（灯塔实验室）	"主体+分中心"模式

续表

批次	获批准的省实验室名称	所在城市（实验室简称）	建设模式
第三批	先进能源科学与技术广东省实验室	惠州市（东江实验室） 阳江市（海上风电实验室） 佛山市（仙湖实验室） 云浮市（南江实验室） 汕尾市（红海湾实验室）	"主体+分中心"模式
	人工智能与数字经济广东省实验室	广州市（琶洲实验室） 深圳市（光明实验室）	"两点布局"模式
小计		23	

资料来源：根据公开报道资料整理。

（二）省实验室单体布局

我国省实验室建设由地方发起，省级层面统筹。因此，结合资源禀赋特征，空间布局多元纷呈。从建筑形态看，目前省实验室主要有楼宇型、园区型两种空间形态。

1. 楼宇型

深圳湾实验室位于深圳市光明区玉塘街道田寮社区光侨路高科国际创新中心。业主原为深圳市电子行业龙头企业，立足自有厂区按甲级写字楼标准兴建四栋建筑，分别是A栋、B栋、C栋和公寓综合楼，总建筑面积为14万平方米。在当地政府协调下，作为深圳湾实验室落户光明区的选址。其中一楼为实验室展示厅，约3000平方米，其余楼层为办公、研发、测试等空间。深圳湾实验室除招揽研究人员外，还吸纳部分科技型企业入驻，构建"楼上楼下"创新创业综合体，"楼上"科研人员利用大设施开展原始创新活动，"楼下"创业人员对原始创新进行工程技术开发和中试转化，推动实验室科技成果就地转化。

2. 园区型

位于广东佛山的季华实验室是一个"小而美"的科技园区，其建筑设计以"国之重器，文翰之芯""以方为器，以圆为芯"为概念，采用"岭南菱形花格窗"作为建筑立面元素及适应岭南地区气候特征的竖向遮阳系统，这一设计为建筑内部空间带来良好遮阳效果的同时让园区形象得到统一。其中，B1栋以圆"芯"为母题；A1栋等方形建筑以"宝盒"作为母题，采用内聚坡屋顶形式，体现岭南"四水归堂"寓意；C1栋平台花园则以"探索"为主题，营造出生动、富有神秘感、充满探索精神的特色天台花园景观，同时采用光学镜片剖面的形态进行景观平面设计，将光学镜片的元素融合在铺装和绿化设计中，展现实验室高精尖的科研方向。

位于深圳的鹏城实验室园区由过渡性场地园区、石壁龙永久园区和科学装置园区三部分组成。其中，实验室过渡性场地园区位于南山区留仙洞总部基地，满足过渡时期人员科研办公场地需求。实验室石壁龙永久园区位于南山区西丽湖国际科教城石壁龙重点片区，目前，园区一期工程已建成投用。科学装置园区位于光明区光明科学城，预计2025年建成。

正是在如此秀美的园区环境中，鹏城实验室构建了面向6G的"极速弹性无线接入测试网络环境"，支持6G关键技术的评估及测试，助力提升我国网络通信创新生态体系实力，入选"2021年度中国信息通信领域重大科技进展"；创造性解决了6G太赫兹100Gbps实时无线通信难题，开创了太赫兹通信系统实时传输净速率超过100Gbps的纪录，实现了4K视频和监控视频实时传输演示；开拓性研制了国内首款1.6Tb/s高速硅基光互连芯片，为我国下一代数据中心内的宽带互连提供可靠的光芯片支撑；牵引语义通信方向，正在攻坚广义信息论，为人—机—物智联的未来通信提供理论基础。同时，阶段性建成以"鹏城云脑"为代表的若干重大科技基础设施与平台，支撑研制了"丝路"多语言机器翻译平台、"鹏程—盘古"中文预训练语言模型等一系列应用成果。2023年，"鹏城云脑Ⅱ"实现IO500全球排行六连冠，成为支撑人工智能研究的大型算力基座，由鹏城实验室牵头打造的科技基础设施——面向6G空天地全场景宽带无线通信环境科学设施一期正式上线。鹏城实验室主任高文、研究员贾焰分获2022年度、2023年度"何梁何利基金科学与技术进步奖"，鹏城实验室副主任尤肖虎教授当选中国科学院院士，常瑞华教授当选中国工程院外籍院士。

四、省实验室的研发设施配置模式

工欲善其事，必先利其器。吸引一流科技人才的关键是一流的研发设施。因此，研发设施配置与研发平台建设是省实验室人才生态环境营造的重要环节。这里以位于广东省珠海市的南方海洋实验室为例,对省实验室研发设施的建设背景、平台功能及成效进行梳理。

(一)建设背景

南方海洋实验室于 2018 年 11 月 14 日正式启动建设,按照"政府所有,大学管理"模式,由珠海市人民政府举办,中山大学牵头建设和管理,实行理事会领导下的实验室主任负责制。南方海洋实验室研发设施配置,可以从目标层面、实施层面和支撑层面 3 个层面加以剖析(图 6-2)。

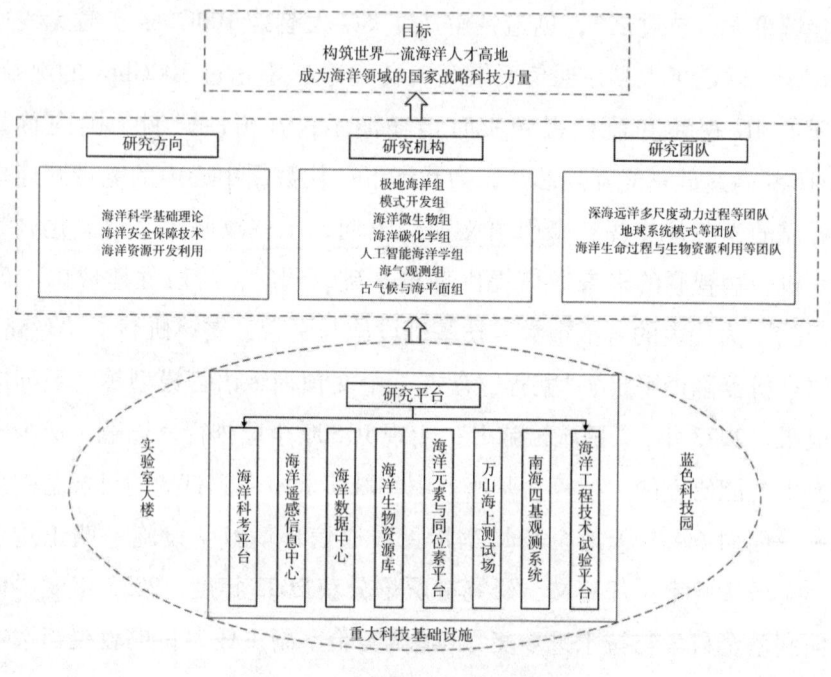

图 6-2 南方海洋实验室研发平台

(1)目标层面。南方海洋实验室目标是建设面向科技前沿、具有国际领先水平的海洋创新基础平台,构筑世界一流的海洋人才高地,打造创新型、引领型、突破型的大型综合性海洋研究和应用基地,成为海洋领域的国家战略科技力量。

（2）实施层面。基于以上目标，南方海洋实验室从3个方面加以实施。在研究方向上，确立海洋科学基础理论、海洋安全保障技术、海洋资源开发利用3个研究方向；在研究机构上，成立极地海洋组、模式开发组、海洋微生物组、海洋碳化学组、人工智能海洋学组、海气观测组、古气候与海平面组7个前沿中心；在研究团队上，组建18个研究团队。

（3）支撑层面。修建实验室大楼，为研发团队入驻提供研发、办公的物理空间；搭建八大公共研发平台，配置重大科技基础设施，为研发提供便利；建设海洋科技产业园，为研发成果转化、产业化提供空间载体。

（二）研发设施配置

在研发平台建设方面，实验室依托中山大学珠海校区海洋学科楼群，建设了超过10万平方米的实验室主楼，拥有"珠海云"智能型支持母船、"中山大学"号科考实习船、"中山大学极地"号破冰船、"天河二号"超级计算机等重大科技基础设施的支撑。并建设了万山海上测试场、南海四基观测系统、海洋数据中心、海洋元素与同位素平台、海洋生物资源库等八大公共平台，逐步奠定了硬实力基础（表6-2）。平台已集成安装各类精密仪器设备3000余台（套），其中价值30万以上仪器设备600多台（套），可用于海洋、新能源、装备制造、精细化工、生物医药与健康等产业领域，能够服务于海洋、地质、测绘、生物、化学化工、材料、渔业、电子信息、环境、海洋工程装备等学科，开展检验检测、科学调查、技术咨询、设备共享、测试加工、数据采集处理等服务。

表 6-2 南方海洋实验室研发平台及其功能

研究平台	平台内容	平台功能
海洋科考平台	构建河口海岸、深远海乃至极地等区域大气、海面、水体、海底等全方位综合探测科考服务体系。平台现有30万元以上大型贵重精密仪器200余台（套），总价值3.8亿元	服务物理海洋、海洋大气、海洋生物生态、海洋化学、海洋地质与地球物理等多个学科
海洋遥感信息中心	构建以海洋遥感卫星、地面接收站网、辐射定标及真实性检验实验场、海洋遥感大数据信息服务与决策中心为核心的星、场、站、场、中心"四位一体"遥感监测体系，现有大型贵重精密仪器50余台（套）	提供全海域、全方位、全天候、全自动、多要素集成的遥感监测数据，服务海洋科学、测绘科学、大气科学、航空航天学、电子信息学、地理科学等多个学科
海洋数据中心	建有数据机房和 OceanView 可视化中心等硬件配套设施。有大型贵重精密仪器17台（套），总价值5340万元	为海洋科学研究、资源环境保护、海洋经济和社会可持续发展以及国家战略决策提供数据支撑
海洋生物资源库	建设保藏量大、信息全面、国际领先的综合性、标准化的海洋生物物种资源库、基因资源库和天然产物资源库	提升海洋动物、植物和微生物资源的保藏，研究和开发能力，并构建全球合作网络，推动样品、数据与知识的共享
海洋元素与同位素平台	建有同位素年龄、物质组成、结构形貌矿物组成和样品前处理四大系统和21个分系统，30万元以上精密仪器达41台（套）	提供高精度、高灵敏度、高分辨率测试分析服务，支撑海洋、地质、古气候、生态环境、考古、医药、生命、材料等学科发展

122

续表

研究平台	平台内容	平台功能
万山海上测试场	围绕智能船舶、无人系统、海洋仪器和海上新能源等领域的专业测试需求,通过陆、海、空、虚拟四维实融合的试验环境和保障条件建设,构建虚实融合的试验保障能力体系	通过陆、海、空、虚拟四维的试验保障条件建设,构建虚实融合的试验环境和保障能力体系
南海四基观测系统	利用智能化、自动化的海洋监测设备及技术,打造"一桥、二站、三系统",承担粤港澳大湾区及南海海洋立体观测系统的建设,建立陆基、海基、空基和天基的实时、全天候海洋环境综合观测系统	为保障航行安全和应急救援提供基础支撑,为大湾区经济发展、海洋生态文明建设及海上安全保驾护航
海洋工程技术试验平台	具备光纤感知、水下无人航行器、海洋工程装备材料三个方向的研发与检测服务能力,包括光学精密加工、表/界面微观表征、宏/微观力学性能测试、海洋环境模拟试验、装备材料实海测试等全链条技术服务	建立光学、声学、材料、工程等多学科交叉的南海综合性试验平台

资料来源:根据南方海洋实验室网站资料整理。

（三）取得成效

依托研发平台，南方海洋实验室已集聚各类人才1115人，其中国家级高层次人才116人，形成了领军科学家牵头、中青年科技骨干为主体、综合实力不断提升的人才队伍（表6-3）。同时通过产学研合作和多学科交叉，大力培养高水平研究生，打造海洋人才高地。例如，在海洋科学基础理论研究方面，成立了海洋—陆地—大气相互作用与全球效应、深海远洋多尺度动力过程、极地海洋与气候变化、南海深部地球物理、深海生命与生态过程5个研究团队。①

表6-3 南方海洋实验室集聚人才情况

研究方向	研究团队	团队人员数			
		小计	首席科学家	核心成员	骨干成员
海洋科学基础理论	海洋—陆地—大气相互作用与全球效应	67	2	22	43
	深海远洋多尺度动力过程	67	2	13	52
	极地海洋与气候变化	45	2	14	29
	南海深部地球物理	55	2	17	36
	深海生命与生态过程	65	2	15	48
海洋安全保障技术	地理系统模式	96	2	29	65
	海洋信息感知与融合	9	2	3	4
	海洋智能无人装备	63	2	27	34
	南海海岸带变化与物质迁移	71	2	23	46
	环南海地质过程与灾害响应	35	2	11	22

---

① 南方海洋实验室管理模式，参见南方海洋科学与工程广东省实验室（珠海）官网。

续表

研究方向	研究团队	团队人员数			
		小计	首席科学家	核心成员	骨干成员
海洋资源开发利用	海洋生命过程与生物资源利用	69	2	38	29
	海洋工程材料与腐蚀控制	48	2	16	30
	岛礁与海洋工程	87	2	27	58
	海洋可再生能源利用	36	2	11	23
	海洋考古	16	2	3	11
	海洋战略与法律	45	2	10	33
	海洋产业与政策	27	2	4	21
	海洋可持续发展	43	2	11	30
平台运维人员		171			
小计		1115			

资料来源：根据南方海洋实验室网站资料整理（2024年）。

以深海远洋多尺度动力过程研究团队为例。该研究团队的目标是为实验室的多学科交叉研究提供数值工具和高时空分辨率的相关产品，为我国减灾防灾、海洋环境保护、国家安全和海洋权益维护提供技术支撑。其研究内容是利用传统和新型海洋观测手段，对南海上层主流系、中深层环流、中小尺度动力过程以及由这些过程所导致的生态环境效应开展研究，开发"两洋一海"高分辨率大气—海洋—生态耦合模型，引领南海区域海洋学研究。

此外，深海生命与生态过程研究团队聚集了一批活跃在海洋学领域的知名科学家，目前成员总数65人，其中高级职称比例为75.4%，成员主要来自中山大学、广西大学、自然资源部第二海洋研究所、厦门大学、中国科学院海洋研究所、香港科技大学、中国地质大学、宁波大学、同济大学、中国科学院深海科学与工程研究所等单位。选取世界海洋海山富集的西太平洋（含南海）海山和珊瑚礁生态系统为主要研究对象，围绕深海生命与生态过程，尤其是海山鲸落生态系统开展前沿研究，运用多学科交叉模式，采用先进技术手段，多角度解剖若干典型海山生态系统，并逐步破解深海生命与生态过程的科学问题（图6-3）。近年来，该团队通过对中南、宪北等海山进行科学考察、生态实验和海洋模型的研究，利用深海探测技术，扩展和系统揭示"海山效应"，这将填补南海海山生态系统过程的研究空白，并取得深海生态与生命过程研究的突破性进展，提升我国海洋创新发展能力。

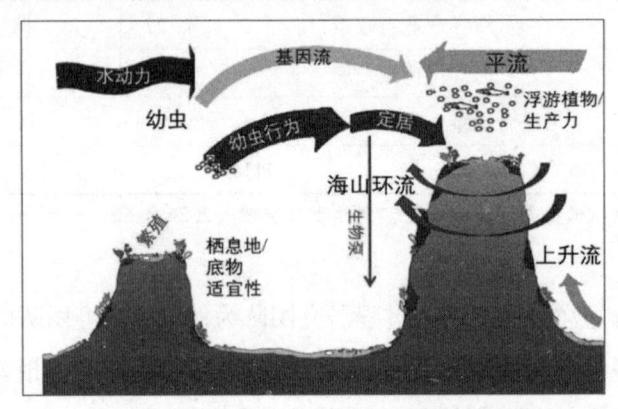

图 6-3 海山生态系统与生命过程研究

　　总体上，南方海洋实验室以"海洋预警与防灾减灾、海洋工程与智能装备、海洋牧场与健康养殖、海洋碳汇与持续发展"四大核心任务为导向，取得了一系列标志性成果，例如，构建了新一代超高分辨率地球系统模式；发展了海陆气相互作用和极端灾害成灾新理论；打造了全球首创的智能敏捷海洋立体观测系统；突破了凡纳滨对虾健康养殖关键技术；研发了国内首艘岛礁地基施工DCM装备；建立了基于海洋生态系统的大湾区决策支撑体系；等等。2022年12月，广东省科技领导小组办公室对第二批省实验室启动建设期考核评估结果进行了通报，南方海洋实验室获得优秀评定，在本次参评的七家第二批省实验室中，评估排名第一，争取到广东省"后奖补"财政资金5.9亿元支持，占第二批省实验室财政投入基数总额近47%。

五、省实验室科技人才生态环境营造的问题与建议

从环境营造来看，我国省实验室科技人才生态体现出以下特点：一是命名方式规范化、国际化。省级层面制定了省实验室的命名规则，有的还统一省实验室的中英文标识，对于提升省实验室品牌影响力、吸引高端人才聚集发挥重要作用。二是规划选址日趋科学合理。一些地方将省实验室纳入省实验室体系建设当中，注重省实验室的总量控制，通常每省规划建设10家左右省实验，同时注重以科技人才的需求为导向，选择山水相宜同时生活便利的地段作为省实验室选址，体现出地方政府的高度重视与审慎原则。三是物理空间趋于园区形态。目前省实验室主要有楼宇型、园区型两种空间形态，楼宇形态的省实验室逐步向园区形态过渡，省实验室正从"一室+独楼"向"一园+多业态"转变，园区化发展态势非常明显。四是研发设施配置高投入、平台化。有的依托省实验室打造重大科技基础设施，对于面向全球吸引一流科技人才发挥了积极作用。

总体上，我国省实验室硬件建设水平不断提升，对于打造高能级创新平台、推进高水平研发起到重要作用，一部分省实验室成为推动区域高质量发展的新引擎、新地标。但同时应看到省实验室建设还存在一些影响人才集聚的短板：一是在规划布局上缺乏科学论证。一些地方仅限于助力本区域现有产业发展，未能站在全国甚至全球产业发展态势进行长远规划，前瞻性不够，目前在少数领域甚至已出现省实验室的重复建设，并引发对该领域科技人才的恶性竞争。二是在资金投入上存在短期行为。一些地方虽然重视省实验室楼宇、园区等硬件建设，但对于研发平台建设的资金投入缺乏长远考虑，仪器设施等资源的配置不足，造成研发人员使用上的"拥挤"甚至"巧妇难为无米之炊"，直接影响海外科技人才回国开展研究的决心和信心。三是在建设内容上缺乏精雕细琢。一些地方尽管在硬件建设上大手笔投入，但人文景观缺乏，不利激发科研人员的灵感。同时由于实验室相对偏远，健身房、咖啡馆、购物间、托婴所等相关配套设施跟不上，生活便利程度不高，也会影响科技人才专心研发。

环境营造是省实验室科技人才生态建设的基础条件，涉及方方面面，是一项长期的系统工程。为此笔者建议：一是科学规划，做好省实验室建设的顶层设计。建议从国家层面组织开展省实验室规划建设工作交流研讨，促进省实验室布局的科学化。同时引导相关领域省实验室跨区域合作，取长补短，避免恶性竞争。二是精心安排，制定省实验室建设资金筹措计划。由省级科技管理部门牵头，注重省实验室定期考核评估，确保实验室研发设施与平台建设资金足额到位，不断改善科技人才研发条件。三是以人为本，加强省实验室人文环境营造。建立面向科技人才群体的人文环境优化解决方案，以人才需求为导向完善配套设施条件，尽可能补足短板，提供个性化服务，满足老、中、青等不同年龄科研人员群体的生活需求。四是协同创新，拓展省实验室的运营边界。省实验室不能限于一室，要结合本地区新质生产力培育需求，更好更快融入区域创新体系，成为省域层面科技创新的主力军。要发挥省实验室研发优势培育新产业、新业态，加快形成全链条服务体系，促进科技成果转化，为省实验室科技人才融入创新链、产业链提供更多的机会和更广阔的舞台。

第七章

省实验室科技人才生态的政策供给

新质生产力是代表新技术、创造新价值、适应新产业、重塑新动能的新型生产力。与传统生产力相比,新质生产力是包容了全新质态要素的生产力,意味着生产力水平的跃迁。① 要实现中国式现代化必须注重培育新质生产力,促进高质量发展。形成新质生产力的关键在于提升自主创新能力,突破"卡脖子"关键核心技术的瓶颈。当前需要充分发挥中央和地方两个层面的积极性,一方面加快建设国家实验室,打造国家战略科技力量,另一方面不断优化区域创新体系,推进省实验室等高能级创新平台建设,为新质生产力的形成夯实物质技术基础。

我国省实验室的发展经历了孕育、成长、发展三个阶段。作为一种在实践中探索诞生的"新物种",省实验室正在引起学术界关注。总体上,目前学界对省实验室的研究才刚起步,需要进一步深化省实验室人才生态与提质增效路径研究,从制度层面为省实验室可持续发展提供有效的政策供给。

---

① 杨蕙馨,焦勇.新质生产力的形成逻辑与影响[N/OL].经济日报,2023-12-22(11).

一、研究设计

本研究以我国省实验室支持政策为样本，采用内容分析法对近年出台的省实验室相关政策进行研究。内容分析法是通过识别目标文本中的关键词，将用语言表示的文献转换为用数量表示的资料，并对分析结果采用统计数字描述，基于进一步对文本内容"量"的分析，找出能反映文献内容的一定本质方面而又易于计数的特征，明晰其规律并进行检验的解释。[①]

（一）样本选择

本书以我国省实验室创办以来的相关政策为研究对象，将全国各地省级及省级以下政府部门发布的政策文件作为分析研究的客观凭证，通过对省级科技部门等有关部门官方网站进行直接搜索，结合以省实验室管理办法、支持政策、建设方案等为关键词在互联网上查阅的结果，加上对部分政府部门走访调研，获取公开发布的省实验室政策文本79份。为保证文本的准确性和代表性，选择文本性质具有约束力的规范性文件，梳理出有效政策样本53份（表7-1）。

---

① 俞立平，周朦朦，张运梅. 基于政策工具和目标的碳减排政策文本量化研究［J］. 软科学，2023，37（10）：61-69.

第七章 省实验室科技人才生态的政策供给

表 7-1 我国省实验室支持政策文本（2017—2023）

文本形式	编号	政策文本内容
建设方案	1	广东省科学技术厅关于印发《广东省实验室建设管理办法（试行）》的通知（粤科规范字〔2019〕3号）
	2	山东省人民政府办公厅关于印发《山东省实验室建设管理办法（试行）》的通知（鲁政办字〔2021〕25号）
	3	福建省科技厅等五部门关于印发《福建省实验室建设方案》的通知（闽科基〔2018〕16号）
	4	浙江省科学技术厅关于印发《浙江省实验室体系建设方案》的通知（浙科发基〔2020〕21号）
	5	海南省人民政府办公厅关于印发《海南省崖州湾种子实验室建设方案的通知》（琼府办函〔2021〕128号）
	6	江西省人民政府办公厅关于印发《江西省实验室建设工作总体方案》的通知（赣府厅字〔2022〕66号）
	7	《河北省钢铁实验室建设方案》（河北省科技厅内部资料，2023）
	8	《云南实验室建设方案》（云南省科技厅内部资料，2022）
工作指引	9	《广东省实验室建设工作指引》（广东省科学技术厅内部资料，2017）
	10	《江苏省实验室建设工作指引》（江苏省科技厅内部资料，2020）
	11	《浙江省实验室建设工作指引》（浙科发基〔2020〕21号）
	12	《海河实验室引育高端人才政策落实工作指引》（天津市科技局内部资料，2021）
	13	内蒙古自治区人民政府办公厅关于印发《内蒙古实验室建设工作指引（试行）》的通知（内政办发〔2023〕27号）
管理办法	14	《辽宁实验室建设与运行规范》（辽政办发〔2022〕28号）
	15	湖南省科学技术厅关于印发《湖南省实验室建设管理办法》的通知（湘科发〔2023〕3号）
	16	河南省人民政府关于印发《河南省实验室建设管理办法（试行）》的通知（豫政〔2021〕24号）
	17	安徽省科学技术厅关于印发《安徽省级实验室体系重组行动实施方案（试行）》的通知（皖科基地〔2023〕4号）
	18	《关于印发安徽省实验室安徽省技术创新中心管理办法的通知》（皖科基地〔2019〕26号）
	19	浙江省科学技术厅、浙江省财政厅关于印发《浙江省实验室管理办法（试行）》的通知（2020-12-31）

131

续表

管理办法	20	重庆市科学技术局、重庆市财政局关于印发《重庆市实验室建设与运行管理办法》的通知（渝科局发〔2023〕54号）
	21	《湖北实验室建设与运行管理办法（试行）》（湖北省科技厅内部资料，2020）
	22	山西省人民政府办公厅关于印发《山西省实验室建设与运行管理办法（试行）》的通知（晋政办发〔2022〕40号）
	23	《陕西实验室建设管理办法（试行）》（陕西省科技厅内部资料，2022）
支持措施（意见）	24	山东省人民政府办公厅关于印发《支持山东省实验室建设发展若干措施》的通知（鲁政办字〔2022〕103号）
	25	辽宁省人民政府办公厅印发《关于支持辽宁实验室建设若干措施的通知》（辽政办发〔2022〕28号）
	26	沈阳市人民政府办公室关于印发《沈阳市推动辽宁材料实验室和辽宁辽河实验室高质量建设运行保障机制》的通知（沈政办发〔2023〕11号）
	27	大连市人民政府办公室印发《关于支持大连实验室建设若干政策》的通知（大政办发〔2023〕12号）
	28	四川省科学技术厅《关于支持天府实验室建设发展的若干政策（征求意见稿）》（网上资料，2022-01-20）
	29	中共安徽省委、安徽省人民政府《关于组建安徽省实验室安徽省技术创新中心的决定》（皖发〔2018〕4号）
	30	安徽省人民政府《关于推进安徽省实验室安徽省技术创新中心建设的实施意见》（皖政秘〔2019〕137号）
	31	《关于支持江苏省实验室科技人才发展的若干政策措施》（江苏省科技厅内部资料，2022）
	32	浙江省科学技术厅关于公开征求《浙江省高能级科创平台高质量发展的若干意见（征求意见稿）》等文件意见的函（网上资料，2023-08-10）
	33	海南省人民政府办公厅关于印发《海南省以超常规手段打赢科技创新翻身仗三年行动方案（2021—2023年）》的通知（琼府办〔2021〕24号）
	34	《关于优化海南省崖州湾种子实验室管理的若干意见》（海南省科学技术厅内部资料，2022）
	35	《湖北省高新技术发展促进中心推进湖北实验室建设运行对接服务实施方案》（湖北省科技厅内部资料，2022）
	36	《关于组织做好河北省钢铁实验室筹建工作的通知》（网上资料，2023-01-01）

续表

资金管理	37	广东省财政厅关于下达2021年度省科技创新战略专项资金（珠三角地区省实验室后奖补第一期）的通知（粤财科教〔2021〕120号）
	38	福建省财政厅、福建省科学技术厅关于印发《省级创新实验室建设运行补助经费管理办法》的通知（网上资料，2021-09-07）
	39	福建省财政厅、福建省科学技术厅关于下达2021年度省创新实验室建设补助经费（第一批）的通知（网上资料，2021-10-15）
	40	湖南省科学技术厅、湖南省财政厅关于印发《湖南省实验室建设专项经费管理规定（暂行）》的通知（湘科发〔2023〕13号）
	41	湖南省财政厅、湖南省科学技术厅关于下达岳麓山实验室建设补助资金的通知（湘财教指〔2022〕8号）
	42	河南省人民政府关于印发《河南省支持科技创新发展若干财政政策措施》的通知（豫政办〔2022〕9号）
	43	河南省人民政府办公厅关于印发《河南省支持重大新型基础设施建设若干政策》的通知（豫政办〔2023〕38号）
	44	江苏省科学技术厅、江苏省财政厅《关于组织申报2021年度省创新能力建设计划暨中央引导地方科技发展资金项目的通知》（苏科资发〔2021〕28号）
	45	浙江省财政厅、浙江省科学技术厅关于下达2021年省实验室补助资金的通知（浙财科教〔2021〕30号）
	46	海南省财政厅关于下达海南省崖州湾种子实验室补助经费的通知（琼财教〔2021〕328号）
	47	天津市财政局、天津市科技局关于印发《海河实验室市级财政资金使用管理暂行办法》的通知（2021-12-30）
	48	《云南实验室经费管理有关规定》（云南省科技厅内部资料，2022）
	49	《湖北实验室省级补助资金管理办法》（湖北省科技厅内部资料，2021）
考核办法	50	广东省实验室建设考核评估指标（适用于启动建设3年度评估）（广东省科学技术厅内部资料，2017）
	51	天津市科技局印发《海河实验室绩效考核管理办法（征求意见稿）》的通知（网上资料，2022-02-09）
	52	关于对湖北实验室2021年度考核的通知（网上资料，2022-04-25）
	53	浙江省科学技术厅关于公开征求《浙江省重大科创平台建设评价评估管理办法（征求意见稿）》的函（网上资料，2023-12-04）

资料来源：根据各地资料整理。

从文本形式看，目前我国已公开发布的省实验室政策文件分为省实验室建设方案、省实验室建设工作指引、省实验室建设管理办法、支持省实验室建设的意见（措施）、省实验室建设资金管理办法、省实验室考核评估办法六类（表7-2）。

表7-2 我国省实验室支持政策文本形式（2017—2023）

省份	建设方案	工作指引	管理办法	支持措施（意见）	资金管理细则	考核办法
广东	√	√			√	√
山东	√			√		
福建	√				√	
辽宁			√	√		
四川				√		
湖南			√		√	
河南			√		√	
安徽			√	√		
江苏		√		√	√	
浙江	√	√	√			√
海南	√			√		
天津		√			√	√
重庆			√			
湖北			√		√	√
江西	√					
陕西			√			

续表

省份	建设方案	工作指引	管理办法	支持措施（意见）	资金管理细则	考核办法
内蒙古		√				
河北	√			√		
山西			√			
云南	√				√	

备注：部分政策文本形式在不同层级政府出现重叠。

（二）分析框架

在上文收集并整理相关政策的基础上，构建六维度分析框架（图7-1），从发文主体、支持对象、政策目标、支持维度、支持方式、支持强度6个维度对2017—2023年省实验室政策文本进行编码统计，从而梳理我国省实验室政策的演变与特征。

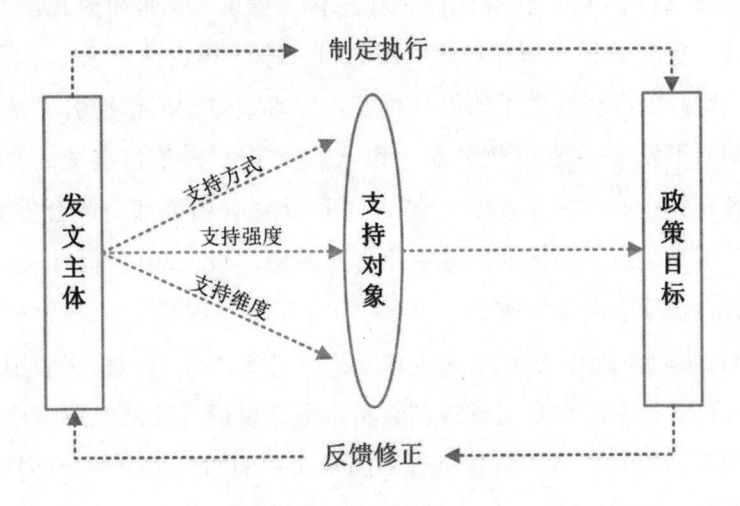

图 7-1 省实验室政策分析框架

为防止评判员的主观偏见影响研究结果，该研究需要通过信度检验鉴别分析框架中的分类和编码规则，以保证分析过程和结果的科学性。因此，需要选择不同评判员对同一分析样本的编码结果进行比较，二者一致性大于80%即为可靠。本文信度检验结果达到85%，证明分类与编码规则科学可靠。

二、政策文本分析

基于上述政策文本分析框架，我国省实验室政策的特征主要体现在发文主体、支持对象、政策目标、支持维度、支持方式、支持强度6个方面。

（一）发文主体多部门，政策合力逐渐显现

从省实验室政策的发文部门来看，目前主要有4种方式：（1）以省级政府办公厅名义发文。例如，2022年7月8日，江西省人民政府办公厅印发《江西省实验室建设工作总体方案》，以通知形式下发至各市、县（区）人民政府和省政府各部门。2023年3月20日，内蒙古自治区人民政府办公厅关于印发《内蒙古实验室建设工作指引（试行）》的通知，下发至各盟行政公署，市人民政府，自治区各委、办、厅、局，各有关企业、事业单位。（2）由省级政府相关部门联合发文。例如，为了高起点、高标准推进福建省实验室建设，2018年11月21日，福建省科技厅会同省发改委、教育厅、工信厅、财政厅五部门联合印发《福建省实验室建设方案》的通知。2021年9月7日，福建省财政厅、福建省科学技术厅印发《省级创新实验室建设运行补助经费管理办法》的通知等。（3）由省级科技管理部门发文。例如，2019年10月17日，广东省科学技术厅印发《广东省实验室建设管理办法（试行）》，2023年1月4日，湖南省科学技术厅印发《湖南省实验室建设管理办法》等。（4）由设区市政府或其有关部门发文。例如，2023年6月25日，

沈阳市人民政府办公室关于印发《沈阳市推动辽宁材料实验室和辽宁辽河实验室高质量建设运行保障机制》的通知（沈政办发〔2023〕11号），2023年9月27日，福建省宁德市人力资源和社会保障局发布《关于支持宁德市省级创新实验室人才队伍建设的若干措施》。

从省实验室政策涉及的主体单位来看，目前涉及省、市、县（区）三个层级的政府部门。例如，2022年5月5日，辽宁省人民政府办公厅印发《关于支持辽宁实验室建设若干措施》，随即沈阳市编制《沈阳市推动辽宁材料实验室高质量建设运行保障机制》《沈阳市推动辽宁辽河实验室高质量建设运行保障机制》，大连市出台《关于支持大连实验室建设若干政策》，要求以市级财政投入为引导，统筹所在区（市、县）等财政投入用于支持实验室建设发展。为了推进四川省天府实验室建设，2023年7月14日，成都市委办公厅、市政府办公厅印发了《成都市进一步有力有效推动科技成果转化的若干政策措施》，提出鼓励依托天府实验室等重大创新平台组建专业化、市场化成果转化运营公司，探索建立"实验室+基金+公司+基地"转化模式，推进原创成果"沿途下蛋""沿途孵化"。此项政策的责任单位包括四川天府新区、成都市发改委、市经信局、市新经济委、市科技局、市财政局、市金融监管局等部门。

（二）支持对象分层次，政策模式不尽相同

由于各地省情不同，省实验室的建设背景、建设模式也千差万别，因此省实验室的政策指向也不尽相同。例如，浙江省通过主动设计布局、跨单位联合、地方政府主导三种方式组建省实验室，因此根据支持对象的功能，配置相应的财政支持政策（表7-3）。对于主动设计布局型省实验室，省财政通过专题研究的方式给予支持。对于跨单位联合型省实验室，省财政根据建设单位的投入，通过专题研究的方式给予支持。建设期满后，根据建设单位投入和绩效评估结果，给予相应支持。

对于地方政府主导型省实验室，以地方政府财政投入为主，省财政根据地方和建设单位投入，通过专题研究的方式给予支持。完善多元投入机制，引导和鼓励社会资本投入省实验室建设。

福建省实验室建设模式分为院（校）地合作模式和院（校）企合作模式两种。省实验室建设用地由设区市政府提供，经费投入主要包含建设经费和运行经费两大部分。其中，对于"院（校）地合作模式"建设的省实验室，设区市（含所属县市区）财政投入不低于建设总经费的50%；"院（校）企合作模式"建设的省实验室，设区市（含所属县市区）财政投入不低于建设总经费的30%。

表7-3 浙江省实验室的类型、组建模式、功能定位与支持方式

省实验室类型	组建模式	功能定位	支持方式
主动设计布局型	依托省内优势高校、科研院所、行业龙头企业主动设计布局建设	以国家和省重大科研任务为牵引,联合国内外优质创新资源开展研发攻关,实现前瞻性基础研究、引领性原创成果和关键核心技术创新相关领域的世界高峰提供基础支撑	省财政通过专题研究的方式给予支持。建设期满后,根据期满评估结果,给予相应支持。投入和绩效评估单位建设投入和绩效支持
跨单位联合型	支持研究领域、方向相近的国家和省级重点实验室、工程技术研究中心、重点企业研究院等省级以上创新载体,联合上下游优质创新资源组建	面向全省经济社会发展的重大科学问题,深化协同创新,打通从基础科学发现、关键共性技术突破到成果转化的完整创新链,推动群体性技术突破,为形成优势互补的创新网络提供有力支撑	省财政根据建设单位给予支持,通过专题研究的方式给予建设单位投入。建设期满后,根据建设单位投入和绩效评估结果,给予相应支持
地方政府主导型	依托地方创新能力强、行业影响力大的龙头企业,具备较强应用基础研究和成果转化能力的优势高校、科研院所	紧扣全省八大万亿产业发展,先进制造业大标志性产业链培育和传统产业升级的创新需求,以突破产业核心关键性技术为根本落脚点,打造立足地方、放眼全球区域性科研引领阵地,为浙江提升开区域创新能力、加快重点产业发展提供有力支撑	以地方政府财政投入为主,省财政根据地方和建设单位投入,通过专题研究的方式给予支持。完善多元投入机制,引导和鼓励社会资本投入省实验室建设

资料来源:2020年5月20日,浙江省科学技术厅关于印发《浙江省实验室体系建设方案》的通知。

（三）政策目标较明确，发展定位存在差异

各地对省实验室的发展定位也存在差异，因此制定省实验室的政策目标也不尽相同。例如，山西省将省实验室描述为"定位高于山西省重点实验室，是争取和建设国家实验室的主力军，是建设国家重点实验室的后备力量"。辽宁省将省实验室定位为"是我省科技创新体系的重要组成部分，是创建具有全国影响力的区域科技创新中心、打造三个万亿级产业基地的重要科技支撑，力争纳入国家实验室体系"。山东省实验室对标国际和国家顶尖创新平台，推进国内外战略科技资源集聚，发挥承上启下作用，既是全省基础研究和应用基础研究的战略力量，也是冲刺国家实验室、国家实验室核心基地的预备队。重庆实验室旨在培育国家实验室，以国家目标和战略需求为导向，整合国内外优势创新资源，构建开放型、枢纽型和平台型科技创新地、科技创新成果转化高地、高端科技资源汇集区、科技体制改革先行区，打造全链条多要素集聚协同的"创新联合体"。安徽省对省实验室的定位前后迥异。2019年7月5日，安徽省科学技术厅关于印发安徽省实验室安徽省技术创新中心管理办法的通知（皖科基地〔2019〕26号）中提出，省实验室是国家级科技创新基地的"预备队"和全省各类创新基地的"先锋队"。安徽省对新建的省实验室一次性奖励500万元，每年支持省实验室稳定运行经费每家300万元。客观上，其支持力度与其他省份相比是较低的。2023年4月18日，安徽省科学技术厅关于印发《安徽省级实验室体系重组行动实施方案（试行）》的通知（皖科基地〔2023〕4号），将省实验室定位为"省级最高层次的科学与工程研究类科技创新平台"，是争创国家实验室（基地）、全国重点实验室等国家级创新平台的战略后备力量，与国家级创新平台形成有效联动，打造省实验室升级版。建设期，安徽省依据建设规模、研发投入、项目进展等情况给予专项奖补经费支持；运行期，安徽省依据创新成果产出等绩效，分档给予资金补助

或定向科技项目支持。显然，安徽省对省实验室的重视程度、支持强度明显提升。

（四）支持维度较集中，"平台+人才+项目"政策叠加

目前，各地对省实验室的政策支持主要有三个维度。

（1）省实验室建设专项。例如，湖南省实验室建设业务经费主要包括平台建设、科研攻关和人才团队引进与培养等经费。其中，平台建设主要用于省实验室设计、改造，购置、试制专用仪器设备，对现有设施、仪器设备进行升级改造（含为科研提供特殊作用及功能的配套设施设备和实验配套系统的维修改造），租赁外单位仪器设备以及必要的实验室科研配套基建费用。科研攻关主要用于省实验室科研项目技术攻关、合作交流、成果转化、技术服务、科学普及等。省实验室科研人员根据工作任务需要和相关程序批准，可因公出国（境）开展国际合作与交流，不受次数限制，其列支的国际合作与交流费用不纳入"三公"经费统计范围。人才团队引进与培养主要用于引进和培养科学研究创新需要的科研人才和科研辅助人员，包括工资、补贴和社会保险、住房公积金等费用支出。

（2）省实验室人才专项。在省实验室的发展过程中，人才引进至关重要。各地对省实验室的人才引进出台相关政策。安徽赋予省级实验室"自主荐才权"，省有关科技人才计划优先给予申报、倾斜支持，优先支持省级实验室引进的高端科技人才认定高层次科技人才团队、省级有关人才称号。四川省对天府实验室全职引进急需紧缺顶尖人才和团队，实行"即来即议""一人一策"。依托"天府峨眉计划""天府青城计划"，对天府实验室给予人才计划配额，并设立天府实验室人才服务专员，建立联系服务天府实验室专家制度，及时帮助解决天府实验室各类人才特别是优秀青年科技人才在安家、子女就学等方面的困难和诉求。天津大力支持海河实验室建设，编制《海河实验室引育高端人才

政策落实工作指引》，对其引进的顶尖人才及创新团队，实行"绿色通道+政策定制"，全程跟进定向服务。湖南开展顶尖领衔科学家支持方式试点，对实验室内顶尖的领衔科学家，给予持续稳定科研经费支持。实行与科研人员科研能力和贡献相称的具有竞争力的薪酬分配制度，吸引创新领军人才和创新团队进入省实验室。辽宁对实验室引进的首席科学家、研究组负责人，可直接纳入"兴辽英才计划"领军人才及所在市高层次人才计划；对实验室聘用的院士、内设科研部门及项目团队负责人等各类高层次科技人才，可不限制年龄。

（3）省实验室科技专项。例如，湖南省实验室自主立项的重大科研项目经省科技厅审核后可视同省级科技创新计划（基金）项目，由省实验室履行管理职责，自主组织实施。四川建立天府实验室科研活动稳定支持机制，省、市级科技计划项目设立天府实验室专项，给予定向项目支持，支持天府实验室设立开放课题，择优视同省级科技计划项目。安徽建立省级科技计划（专项、基金等）项目直接委托省实验室承担机制，支持省级实验室围绕全省基础研究、应用基础研究和"卡脖子"关键技术引领、倒逼、替代、转化"清单"中最紧急、最紧迫的科学技术问题；建立面向省级实验室定向征集重大科技项目需求机制，支持其参与有关科技项目指南编制；给予省实验室省科技计划项目单列申报资格，省实验室自立30万元以上开放基金项目视同省级科技计划项目。

（五）支持方式多元化，考核评估日趋规范

各地对于省实验室的建设资金筹措模式表述不一。浙江、福建、安徽、四川、湖南、河南、山东等地实行省市县联动，以设区市为主，鼓励多元化投入。山西提出企业、高校、科研机构是省实验室的承建主体，负责经费投入和运行管理。因此，省实验室的支持方式也不尽相同（表7-4）。例如，福建省实验室分为建设经费和运行经费，省级财政采取后补助。安徽根据建设期和运行期的情况，给予奖补。四川省省级财政对天府实验室的建设、运行给予定额补助。湖南省财政、市州财政对省实验室启动建设经费和运行经费给予支持。河南、山东省财政对综合绩效评价（验收）合格的省实验室给予奖补。山西对正式立项新建的省实验室参照国家重点实验室经费支持标准给予支持。辽宁省大连实验室坚持以市级财政投入为引导，统筹所在区（市、县）等财政投入用于支持实验室建设发展。浙江提出省实验室多元化建设机制，到2025年，依托单位、共建单位和省市县财政配套投入合计不少于50亿元，到2030年，引导相关企业和社会资本共同投入合计不少于200亿元。

省财政对省实验室的资金支持均需考核评估。例如，河南对省实验室以每5年为一个周期，进行绩效评价，包括三个方面：（1）年度自评。采用信用制方式开展，省实验室每年根据建设实施方案和年度工作计划、目标任务，逐项进行对照并开展自评，于年度终了后3个月内将上年度自评报告和当年资金使用明细预算报省科技厅、财政厅。省科技厅、财政厅根据需要对自评情况进行核实，并将自评情况作为当年省财政支持经费安排的重要依据。（2）中期评估。省科技厅会同省财政厅委托第三方评估机构组织专家组，根据省实验室建设实施方案开展中期评估。中期评估于建设期的第三年年底开展，主要是对省实验室各项工作和取得的绩效进行评估，评估结果分为"合格、不合格"两个等级。对评估结果为"不合格"的省实验室，予以警告并责令其限期整改，整改完成后再拨付下一年度省财政支持经费。（3）期满考核。省科技厅会同省财政厅委托第三方评估机构组织专家组，根据省实验室建设实施方案开展建设期满考核。考核结果分为"优秀、良好、合格、不合格"四个等级，作为后续支持的重要依据。对考核结果为"优秀""良好"的，给予一定的绩效奖励；对考核结果为"不合格"的予以警告并责令其限期整改，整改后仍不合格的予以摘牌，并视情况追回省财政拨付资金。

表7-4 省实验室建设的出资模式、考核评估与补助方式

省份	省实验室出资模式	补助方式
浙江	采取省市县联动方式支持省实验室建设,省财政通过专题研究的方式给予支持	以依托单位为主体,省市县联动,部门间协同推进,积极争取国家部委支持,吸引社会尤其是优势企业资本共同出资,集中力量支持实验室建设和发展
福建	建设用地、建设经费由设区市政府牵头筹集,省财政运行奖励机制,省实验室经费补助后建设经费由设区市政府商参建单位共同投入,省财政择优补助	建设经费由设区市政府牵头筹集,省财政建立省实验室给予支持。运行经费补助根据考核评估结果,按照"一事一议",分段补助方式给予支持。对建设成效显著的省实验室,运行经费由省财政每年支持每个省实验室运行经费不少于5000万元,连续支持5年
安徽	实行省市县联动,以市县和组建单位投入为主,灵活运用财政资金,共建单位配套,横向合作、成果转移转化投入,社会资本参与、专项基金等多元化投入方式支持运行发展,所在市县在政策、土地、基础设施等方面给予必要的条件保障	建设期省依据建设规模、研发投入、项目进展等情况给予专项奖补经费支持。运行期省依据创新成果产出等绩效,分档给予资金补助或定向科技项目支持
四川	省级财政对天府实验室建设,运行给予定额补助。发挥科技、财政、土地、税收、教育、人才、金融等政策的协同支撑效应,高标准推进天府实验室建设发展	建设投资以所在市为主,省级财政对天府实验室建设、运行给予定额补助。运行经费由主管部门进行论证和测算后,省、市(区)实验室建设单位按比例共同予以稳定支持

第七章 省实验室科技人才生态的政策供给

续表

省份	省实验室出资模式	补助方式
湖南	省实验室建设经费由省、市州和共建单位多方联动,共同投入	省实验室所在市州政府统筹负责实验室场地建设用地和相关优惠政策,为省实验室科研人员提供良好的工作和生活保障。省财政、市州财政加强对省实验室启动建设经费和运行经费支持,特别重大的采取"一事一议"给予支持。引导高校、企业和社会力量支持省实验室建设
河南	实行省、市、县三级联动,"一事一议"给予支持	各地、各部门应当在建设重大基础研发平台等方面给予支持。承担重大科技专项、汇聚高层次创新人才等方面对省实验室给予支持。省科技厅会同省财政厅委托第三方机构组织实施绩效评估,省财政据此支持
山东	省级批准,省市共建,以市为主,采取"一室一方案"的方式建设。承建市作为省实验室建设、运行责任主体,从资金、人员、场地、政策等方面提供全方位支持	省财政对综合绩效评价(验收)合格的省实验室,根据投资规模(不含土地出让、基建费用)、建设内容、评估成绩等,给予后补助奖补。运行经费支持,主要用于高层次人才引进,科研设施购置,科研项目支持等
山西	企业、高校、科研机构是省实验室的承建主体,负责经费投入和运行管理	省科技厅根据省实验室考核结果和评估结果确定专项经费支持计划,对正式立项新建的省实验室参照国家重点实验室经费支持标准,建设单位每年给予不低于1∶1配套经费支持
辽宁	省市共建,以市为主,多方参与。吸引国内外重点高等学校、科研院所参与实验室建设,鼓励头部企业等投资入股实验室	属地市政府投入为主体,负责提供办公及科研场所、基础设施、土地、资金投入、人才、项目、税收等方面配套政策。省、市财政投入统筹用于支持实验室建设发展,包括建设大科学装置、购置科研设备、实施科研项目、开展国际合作,保障日常运行等

备注:根据上述省份资料整理。

145

此外，省实验室在运行期间还将享受以下优惠政策：（1）税收优惠政策。例如，四川将具有独立法人资格的天府实验室纳入减免税收主体清单，享受相应税收优惠。辽宁对省实验室采购进口仪器设备实行备案制管理，由沈阳海关负责，按照有关规定，为实验室进口的国内不能生产或性能不能满足需求的科学研究用品、科技开发用品和教学用品，办理免税审核确认手续，免征进口关税和进口环节增值税、消费税。（2）人才培养支持政策。四川支持天府实验室与高校联合共建博士点、硕士点，对参与天府实验室建设的省属高校研究生招生计划予以倾斜支持。对参与天府实验室建设的省属高校，在生均绩效拨款奖补资金中给予倾斜支持。（3）揭榜挂帅。四川支持天府实验室开展科研项目"揭榜制"试点，财政科技资金按不超过揭榜制试点项目协议资金总额的40%给予资金补助，单个项目财政补助资金最高不超过1000万元。（4）体制机制创新。浙江赋予省实验室研究方向选择、科研立项、技术路线调整、人才引进培养、科研成果处置和经费使用等方面的自主权，实行实验室主任负责制和首席科学家制度。对符合条件的省实验室可赋予相应的职称评审权。支持省实验室建立博士后流动站，开放课题等自主立项项目择优视同省级科技计划项目。建立高效的人才集聚机制、建立符合科研规律的考评机制、建立多元协同的创新机制、建立需求为导向的科技成果转化机制、建立科研设施的共建共享机制、建立完善的知识产权共享机制。

（六）支持强度差异大，政策效果有待检验

省实验室支持强度不一，亮点纷呈。广东、浙江对省实验室的支持强度较大。据《广东科技年鉴2022》，2021年年底，全省已在16个地市布局25家省实验室独立法人实体，省级财政投入21.972亿元，保障省实验室高水平建设。推动10家省实验室建成科研办公面积71万平方米，购置30万以上科研仪器设备2441台套，总价值42亿元，并以项目为抓手带动省实验室分中心平台建设和创新能力建设。

山东、江苏、天津、湖南等地对省实验室的支持强度逐年增大。2022年，山东省科技创新发展资金专列4亿元用于支持省实验室自主开展重大基础研究，按照因素分配法、科技计划管理的有关要求，以实验室法人化注册、三会治理架构完善为前置条件，根据实验室建设进展实际成效核定拟支持资金数额，定向切块下达。山东着力打造"1313"四级实验室体系，即争取到2025年，建设1家国家实验室、30家左右国家重点实验室、10家左右山东省实验室、300家左右省重点实验室，整体构建四级联动、梯次衔接、具有山东特色的实验室体系。制定出台了《山东省实验室体系建设规划（2020—2025年）》《山东省实验室建设管理办法（试行）》《山东省重点实验室建设实施方案》等文件，确定了实验室建设的指导思想、基本原则和建设目标。

河南、山西、四川等地对省实验室的投入不断增强。2023年，河南省下达专项经费5.5亿元，支持嵩山、神农等8家省实验室建设运行，专项用于省实验室开办及研发费用相关支出，确保创新平台尽快发挥作用，产生效益。山西省科技厅根据省实验室考核结果和评估结果确定专项经费支持计划，对正式立项新建的省实验室参照国家重点实验室经费支持标准，每年给予1000万元运行管理经费支持，建设单位每年给予不低于1∶1配套经费支持。四川对支撑天府实验室建设的重大科技基础设施予以项目投资额的30%资金支持。建立天府实验室科研活动稳定支持机制，省、市级科技计划项目设立天府实验室专项，给予定向项目支持，省级给予各方向实验室每年不少于1000万元，市级每年不少于2000万元。

辽宁、安徽、湖北、重庆、陕西等地对省实验的重视程度增强。辽宁省大连实验室挂牌运行后，第一年市政府安排5000万元启动资金支持，依据实验室研发需求分两期拨付，其中首期拨付2000万元。之后年度，根据实验室的年度工作任务、上年度考核、资金使用及建设发展情况，给予每年最高 5000 万元的补助资金支持。辽宁省还设立材料实验室发展基金，引导社会力量和民间资本聚焦新材料科技发展和投资领域，通过"拨投结合"等多种方式，优先投向材料实验室的科研攻关项目、关键创新平台建设等，支持创新成果转化和企业孵化。

三、问题与建议

随着国家实验室建设提速，国家重点实验室重组步伐加快，各地省实验室体系建设朝向纵深推进。在高水平科技自立自强和创新型省份建设背景下，省实验室是省实验室体系建设的重要增量，成为各地培育新质生产力、推进高质量发展的重要抓手。从发文频次及政策供给总量看，各地对省实验室的重视程度、支持强度与日俱增，总体上我国省实验室的政策配套能力不断提升。

然而，由于省实验室是一个发展时间相对较短的新生事物，加上我国区域创新的省情差异较大，省实验室的发展也不太均衡，相关政策供给还不充分、政策体系不健全。从政策制定及执行过程看，当前省实验室政策供给的突出问题主要表现为"四重四轻"：一是重政策制定，轻政策执行与落地见效；二是重实验室平台建设，轻运行管理评价；三是重财政投资，轻社会主体多元化参与的政策引导；四是重硬件投入，轻实验室创新生态营造。

为此，各地提出以下优化省实验室政策供给的建议。

（1）强化政策主体责任，注重政策的落实与作用发挥。当前，大部分省份已成立省实验室建设领导小组，开展省实验室政策的研究制定工作。然而，由于参与单位相对较多，部门之间的责任划分还不十分明确，这影响了省实验室政策的实际执行效果。因此，要结合省实验室的发展阶段，进一步明确省实验室政策制定与执行的责任主体，防止

"九龙治水"。在省级政府层面，要切实发挥统筹协调功能。在业务指导层面，省级科技管理部门体现职能作用，注重省实验室政策的执行、反馈与修订。

（2）优化政策组合结构，提高财政资金的使用效率。当前要做好四个衔接：一是地方财政投入与中央专项资金的衔接，体现省实验室以省为主、中央支持，进一步调动地方的积极性，防止"两眼向上"；二是建设投入与运行经费的衔接，合理安排资金预算，防止"重建设、轻运行"，影响省实验室的可持续发展；三是科技主管部门与相关政府部门的衔接，发挥各单位、各部门的作用，为省实验室的物理空间建设、研发设备添置、高端人才引育、研发成果转化、人文环境营造等提供支持，形成促进省实验室发展的部门"大合唱"；四是政府投入与社会投入的衔接，要发挥财政资金"四两拨千斤"的作用，通过相关政策引导企业、高校院所、社会组织等多元化主体参与到省实验室发展中，让省实验室深度嵌入现代产业体系，成为促进区域发展的有力引擎。

（3）加强政策效果评价，进一步完善激励约束机制。从全国已挂牌的省实验室建设运行情况看，在政策引导下部分省实验室已初见成效。但必须看到省实验室政策供给还存在诸多薄弱环节，政策体系还不健全。有的省实验室政策过于陈旧，不接地气，对参与单位的激励与约束机制缺乏。为此，浙江、安徽等地已对省实验室建设与运行管理制度进行修订，建议各地结合省实验室考核评估，注重省实验室政策执行效果评价，以3~5年为周期，及时调整、优化省实验室政策条款，并结合总体方案、管理办法出台相关细则，使之变得更加体系化、可操作。

（4）加强府际交流合作，提升政策的协同效应。毋庸置疑，目前各地结合自身实际相继出台省实验室政策，对于促进省实验室发展具有重要指导意义。但是也要防止省实验室重复建设、恶性竞争。一些省实验室有望跻身"国家队"。因此，亟须从国家层面加强统筹规划，优化省实验室的布局。同时，可以结合国家科技创新中心、区域科技创新中心建设，支持成立京津冀、长三角、粤港澳大湾区、长江经济带、黄河流域等区域性省实验室联盟，围绕省实验室提质增效，加强横向府际交流合作，相互取长补短，为省实验室政策供给营造更加优良的环境，从而提升全国省实验室政策的协同效应。

第八章

省实验室科技人才集聚模式经验借鉴

创新驱动本质上是人才驱动。省实验室的建设与发展关键靠人才，尤其要加快引进一批战略科学家、科技领军人才和创新团队，为省实验室增补力量。纵观寰宇，在大国博弈背景下，各国竞相吸引高端人才，一场科技人才"争夺大战"在全球范围持续升温。显然，省实验室在这场人才博弈中已成为关注的焦点。以下选取国内外地方实验室作为案例，总结其集聚科技人才的经验，为省实验室科技人才引进与培育提供参考借鉴。

一、国外地方实验室科技人才集聚模式

在国外，目前尚无"州（省）实验室"称谓，但聚焦于某一行业、跨学科的新型研发机构等实验室日渐增多，这与我国省实验室有可比性。例如，全球生命科学"风向标"美国博德研究所、"国际半导体人才库"比利时微电子研究中心、"地学研究高地"德国波茨坦地学研究中心等成功案例，值得我国省实验室借鉴。

（一）美国博德研究所（Broad Institute）的科技人才集聚模式

博德研究所于 2004 年在美国波士顿正式成立，经费最初源于美国慈善家伊莱·博德（Eli Broad）和伊迪萨·博德（Edythe L. Broad）夫妇提供的 2 亿美元，主要依托麻省理工学院怀特黑德生物医学研究所和哈佛大学化学与细胞生物学研究所。短短 10 几年，博德研究所迈入世界一流生命科学研究机构行列，成为生命科学前沿创新的"领头羊"。①在汤森路透（Thomson Reuters）发布的"2004—2014 年度生物技术领域全球最具影响力的科研机构排行榜"中，博德研究所位居榜首，成为行业龙头。在科睿唯安（Clarivate Analytics）发布的"2020 年度全球高被引科学家"榜单中，仅有约 400 名专职科研人员的博德研究所有 61 人入选，入选人数位列全球机构第 7 位。博德研究所在聚集科技人才方面的经验可以归纳为三方面。

1. 以大科学计划吸引战略科学家、领军科技人才加盟

在战略定位上，博德研究所围绕重大疾病实施大科学计划，建立开放式协同创新体系，引领生命科学向系统化、规模化、数字化发展。研究所下设卡洛斯·斯利姆健康研究中心、郭士纳癌症诊断中心、克拉曼细胞观测中心、梅尔金医疗保健变革性技术中心、埃里克和温迪·施密特中心、斯坦利精神病学研究中心、诺和诺德疾病基因组机制研究中心 7 个专门研究中心。在合作单位上，与顶尖大学麻省理工学院和哈佛大学建立跨机构协同创新机制，确保在科研项目、人力资源、平台设施、研究成果、数据资源等方面高度协同共享。拥有约 400 名专职科研人员，以及来自麻省理工学院、哈佛大学的 3000 余名科研人员。

作为战略科学家，该实验室创始人、首任所长埃里克·兰德尔（Eric Lander）在推动研究所建设发展、提升原始创新能力的全过程中，发挥了成就卓著的将帅作用。他将基因组学作为解开生命奥秘的"金钥匙"，以数据驱动生命科学大发现，推动医学向"个性化精准诊治""关口前移的健康医学"发展。通过争取私人捐赠、寻求基金资助，以

---

① 赵润州，刘术. 从美国博德研究所成功之道看生命科学前沿创新 [J]. 中国科学院院刊，2022，37（2）：206-215.

及与美国斯坦利医学研究基金会、安捷伦科技公司等的合作,为博德研究所筹措了丰厚的科研经费。还邀请诺贝尔奖获得者戴维·巴尔的摩(David Baltimore)、哈佛大学校长劳伦斯·巴考(Lawrence Bacow)、谷歌公司前首席执行官埃里克·施密特(Eric Schmidt)等科技、教育、商业领域的杰出领导者担任博德研究所董事会成员,为研究所高质量发展提供了智力支持。

同时,集聚小而精的杰出科学家团队,与麻省理工学院、哈佛大学共同建立人员"双聘"的灵活用人制度,允许科研人员交叉任职、多方任职、投资创业,打造背靠一流、辐射全美、拓展全球的创新网络。研究所现有骨干研究员66名,主导制定研究所科研方向。其中,核心研究员15名,可在研究所建立实验室;特聘研究员51名,可在研究所设置课题组,承担科研项目。通过高强度的经费支持、开放自由的学术氛围、一流的支撑条件、高效合理的资源配置、高水平的薪资待遇,研究所为骨干研究员提供了良好的创新环境和有力的服务保障。例如,爱德华·斯考尼克(Edward Scolnick)是癌症研究、制药工业的领军人物,曾任默克研究实验室主席,他创立了斯坦利精神病学研究中心,推动精神疾病研究进入基因组学时代。

2. 实施灵活的科研组织模式,促进创新资源的优化配置

博德研究所不以学科为标准规划研究,而是面向问题、面向课题,采取模块化组织模式,以科研任务为导向组织不同专业背景的研究人员共同进行。通过核心实验室、项目组和技术平台3种组成方式,科研人员开展多学科综合研究,共同解决生命科学和人类疾病相关问题。

一是组建了10个核心实验室,分别由10名核心研究员负责,并由不同领域方向的科研人员和管理人员组成。核心实验室成员围绕课题密切合作,开展跨学科研究。

二是设立了17个项目组,包括代谢组学、传染病和微生物组学、

医学群体遗传学、表观基因组学、细胞回路等。通过共同的科学焦点，将科研人员组织在一起，加强研究所内部学术交流合作，促进科研灵感产生与学科交叉创新。

三是搭建了 6 个技术平台，包括数据科学、影像学、蛋白质组学、代谢组学、基因组学、基因扰动。平台汇集了经验丰富的专业人员、管理人员、辅助人员，旨在提供科研条件支持，推动前沿技术创新。

上述 3 种组成方式既保持相对独立，又可根据科研任务需要，建立形式多样的合作关系，实现创新资源的自由组合与灵活调配。博德研究所开展了大量前沿、顶尖的跨学科研究，建立了现代化的先进科研工作组织模式，取得了系列前瞻性、引领性创新成果。

3. 举办多样化的技术研讨活动，营造跨域协同合作网络

摒弃经典生物学研究以小型实验室和"单干"为主的研究模式，博德研究所的方向设置更加适应大科学、大数据、大工程的当代科学研究范式，设立博德社区（Broad Community），举办各种技术研讨活动，促进了对生物复杂系统和运动规律的研究从宏观定量检测解析发展为精准预测编程和系统调控再造。①

BroadE 研讨会。BroadE 将广泛的博德社区中的研究人员聚集在一起，以便他们可以互相学习。BroadE 研讨会（"E"代表教育）提供见解并分享突破性技术、高通量方法和传统研究实验室中通常没有的计算工具的实践培训。通过对 Broad 员工和麻省理工学院、哈佛大学、哈佛附属医院的研究人员开放交流，博德社区希望扩大其科学的影响并公开分享新方法。

GATK 研讨会。基因组分析工具包或 GATK 是广泛使用的软件包，由博德研究所开发用于对高通量测序数据进行变异发现分析。GATK 团

---

① 参见博德研究所官网。

队提供的教育材料包括完整的实践通道,详细说明实验设计策略、方法算法和结果解释。

MIA 入门研讨会。MIA(Models, Inference & Algorithms)是关于数学、统计学、机器学习和计算机科学的周例会,它适用于生物医学研究。包括高阶的计算类研讨会,然后是教学入门,回顾基本的数学概念。一些会议由生物学家主持,他们渴望就其领域中最重要的科学问题以及可能隐藏答案的数据性质,与计算专家讨论。

MPG 初阶工作坊。MPG(The Primer on Medical and Population Genetics)是一系列关于与人口和疾病相关的基本遗传学主题的每周非正式讨论。活动的视频免费向公众提供,并深入介绍了复杂性状遗传学的基本原理,包括人类遗传变异、基因分型、DNA 测序方法、统计、数据分析等。

(二)比利时微电子研究中心(IMEC)科技人才集聚模式

比利时是欧洲创新强国之一,在微电子、医药等方面具有国际先进水平,某些技术位居世界前列。① 比利时人口 1110 万,与我国一些省会城市大体相当,但其创新能力却名列前茅。与我国部分省实验室类似,1984 年在鲁汶大学微电子系基础上创建的比利时微电子研究中心(Interuniversity Microelectronic Center, IMEC),由比利时弗拉芒大区政府出资成立。30 多年来,IMEC 从一个地方性微电子研究中心发展成为欧洲最大、世界领先的产业共性技术研发平台,探索走出了一条成功的新型研发机构发展之路。

IMEC 的成功,也受益于它一直践行着成立的初衷与宗旨,联合世界范围内最具实力的微电子企业,共享研发经费与人力资源,瞄准最前

---

① 任世平,韩丽娟. 比利时科技创新的亮点及特点[J]. 全球科技经济瞭望,2011(8):32-37.

沿的产业共性技术，联合攻关。①

（1）选择产业共性技术研究方向。从其研究历程看，多年秉持"只做产业界所需要的东西"理念，其研究均选择产业竞争中的前沿技术，这些都是企业在自主研发中的共性技术问题。同时，注重战略性先导技术积累，并充分考虑大规模量产的特点，预留了较大的工艺窗口，使得研究成果具有较好的市场前景。IMEC 专利强度排名第一的专利是锗太阳能电池及其制造方法，其他排名前 10 的专利也是围绕太阳能电池等微电子器件在制备方法和相关设备方面的研究。

（2）构建稳定开放的合作平台。IMEC 的研究模式有四种，其中产业研究项目是最主要的方式，占比高达 80% 以上。在合作对象上，IMEC 充分展示了其国际化平台的特点，特别是与企业的合作，合作对象遍及世界各国微电子巨头企业，IMEC 联合全球有实力的企业，开展领先世界的行业共性技术的开发。例如，在 IMEC 专利合作排名前 12 的机构中，有 8 家公司分别是韩国三星电子公司、日本松下公司、荷兰恩智浦半导体公司、荷兰飞利浦公司、台湾半导体制造有限公司、德国英飞凌科技公司、香港太平洋科技有限公司以及德国西门子股份公司。

（3）争取政府长期持续支持。自创办至今，弗拉芒政府每年都给予 IMEC 资金支持，且逐年上升。其经费收入于 2013 年已达 3.32 亿欧元。除了 IMEC 所在的比利时国内以及比利时弗拉芒地区相关政府、基金会、高校等的资助以外，还有很多资助是来自比利时甚至欧洲以外国家和地区。IMEC 的经费收入中，70% 来自欧洲以外。如美国大力神基金会、美国艾明德斯基金会、美国国家科学基金会等。IMEC 还在中国国家自然科学基金的资助下发表了 50 篇论文。

---

① 郑佳，张泽玉，李秋，等．从论文和专利角度研究比利时微电子研究中心科技创新与国际合作情况 [J]．高技术通讯，2019，29（7）：711-721．

(4) 多元化的参与主体。其人员从创办初期的68人,到2013年达2068人,其中,专职研究人员占1/3,产业界和博士占1/3,管理人员和法务占1/3。鼓励人才流动,每年非核心人员流失率达20%。专职研究人员来自全球71个国家,平均年龄40岁。IMEC经常举办跨文化交流活动,加强科技人才之间的交流。IMEC重视人才培养,成立"IMEC学院",为研究人员提供培训服务,被称为"国际半导体人才库"。[①]

综合以上实验室发展模式可以发现:国外实验室在发展定位上不强求"大而全",更多地体现"小而美",有的围绕国家战略需求,解决前沿科学问题,有的关注行业需求,解决共性问题,发展模式多元化;在人才聚集上,打造开放性、跨学科的创新平台,面向全球引进科技人才,不拘一格;在人才投入上,政府支持额度虽保持稳定增长,但更多的是按市场化运作,向产业要效益、找资金,随着时间的推移,实验室经费来源多元化,政府资助在实验室总收入中所占比例日渐减少。

(三) 德国波茨坦地学研究中心(GFZ)青年科技人才培养模式

德国波茨坦地学研究中心(GFZ)成立于1992年,隶属于德国亥姆霍兹联合会,在全球过程、板块边界系统、地球表面与气候作用、自然灾害、地球资源、大气探测、海洋地质资源和存储潜力以及地热能源系统等诸多科学领域的研究中产出了一大批具有影响力的成果。GFZ共有科研人员1282名,其中505名科学家、229名博士研究生、39位实习生。GFZ重视促进培养青年科学家的项目,青年人才可以申请一些知名的研究计划和项目,获得研究经费,提升自身的研究能力,培养年轻的研究团队。有代表性的培养项目包括4种类型。

(1) 亥姆霍兹青年研究人员项目。亥姆霍兹联合会为了促进青年

---

① 胡开博,苏建南. 比利时微电子研究中心30年发展概析及其启示 [J]. 全球科技经济瞭望, 2014, 29 (10): 52-62.

研究人员的早期学术独立性，给他们提供安全的职业前景，创新性地设立了亥姆霍兹青年研究项目，也是德国唯一一个面向提升青年研究人员早期学术研究能力的项目。该项目还希望能够吸引全世界有抱负的青年科学家来德国工作。

（2）欧盟资助的青年研究人员项目。欧洲研究委员会（ERC）启动的资助计划旨在支持未来能够建立研究团队，并在欧洲范围内独立开展研究的具有领导能力的研究精英。该计划最大的特点是对具有领导潜力的精英的培养，重点支持优秀创新团队的建设。

（3）德国科学基金会事业初期支撑项目。德国科学基金会（DFG）事业初期支撑项目，又称"艾米洛特计划"，用于支持年轻研究人员在其早期阶段实现科研的独立。年轻的博士后可以在DFG资金支持期间获得高校的教学资质，带领自己的团队开展研究。

（4）GeoSim研究生院。GeoSim是亥姆霍兹研究生院地球科学探索模拟分院，该研究生院受到了亥姆霍兹联合会以及如GFZ、柏林自由大学、波茨坦大学等一些国内机构的资助，来自这些机构的地球科学家和数学家联合针对地球科学领域的探索和模拟开展了大量的研究和课堂教育工作。该研究生院的主要目标是培养新一代的年轻科学家，基于强有力的合作，系统地将地球和数学科学领域的方法和专业知识有机地结合起来。

此外，在人才培养方面GFZ也体现以人为本的原则。GFZ人才管理的核心是鼓励和支持下一代科学家。具有特别好资质的毕业生可以在GFZ开展自己的博士研究工作，且GFZ会按照亥姆霍兹联合会的博士项目和GFZ的博士生培养方案来争取营造良好的研究环境，获取多方面支持。在培训计划框架下，GFZ还开展持续的基础性培训，包括德语、英语、西班牙语以及面向目标群体的语言课程。为了培养具有科学管理才能的人才，GFZ还推荐管理人员参加亥姆霍兹管理学院的培养计划。对于年轻的女性高管，可以通过亥姆霍兹指导方案予以特别支持。

总之，GFZ通过大量创新型人才项目和多元化的人才培养模式，培养了一大批具有高素质、高能力、高水平、高忠诚度的研究人员，保障了GFZ整体的人才队伍建设。①

二、国内省实验室科技人才集聚模式

近年来，我国正掀起一股省实验室建设热潮。2017年，广东省挂牌成立首批省实验室，中科院和上海市合力打造张江实验室，提出到2030年跻身世界一流国家实验室行列。此后，安徽省启动量子信息实验室建设，江苏布局紫金山、姑苏、太湖等三大实验室，浙江、山东、河南、福建等地纷纷行动。至2023年年底，全国设立省实验室达122家。以下选取发展较快的江苏省紫金山实验室，浙江省之江实验室，广东省季华实验室、深圳湾实验室为案例，剖析其科技人才集聚模式。

（一）紫金山实验室探索科技人才治理机制

2018年，江苏省在南京投入100亿元，成立网络通信与安全紫金山实验室（简称紫金山实验室）。在江宁无线谷第一期划拨1万平方米科研用房，第二期16万平方米场地于2019年年底交付使用，第三期按120万平方米场地建设。

1. 人才引进优势凸显

建设伊始，紫金山实验室瞄准国家实验室建设标准和国际一流水平，广聚国内外战略科技创新领军英才，开展具有重大引领作用的跨学科、大协同的创新攻关，引领网络、通信、安全相关领域的未来学术发展方向，全面提升网络创新能力和产业核心竞争力，保障网络空间安全

---

① 刘文浩，郑军卫，赵纪东，等. 德国GFZ国家实验室管理模式及其对我国的启示[J]. 世界科技研究与发展，2017，39（3）：225-231.

和可持续发展。

省实验室成立理事会，由南京市主要领导担任理事长，邬贺铨院士任学术委员会主任。实验室设主任一名，由中科院院士刘韵洁担任，副主任若干名。实验室主任负有履行实验室建设和管理的全面责任和权力。实验室的运行管理实行主任办公会制度。在管理人员配置上，原科技部高新技术发展及产业化司司长冯记春担任副主任，为紫金山实验室在建设初期的战略布局与科技人才引进发挥了重要作用。

紫金山实验室提出延揽人才的四大优势：（1）好保障。紫金山实验室参照国内互联网企业的薪酬体系，比照事业单位的各种福利保障。（2）高成长。紫金山实验室具有充足经费支持、深厚的文化底蕴、肥沃的土壤、宽阔的空间，可以使青年英才茁壮成长。（3）大师带。紫金山实验室各领域首席科学家均为院士或"长江学者"。（4）高起点。紫金山实验室是江苏省首个对标国家实验室而成立的科技创新平台。①

2. 人才治理机制创新

作为国内网络安全创新高地之一，紫金山实验室在网络安全创新人才方面做了大量投入，并探索科技人才体制机制创新。

薪酬待遇和福利待遇方面，实验室学术类人员的待遇，除了按照南京市相关人才引进政策享受的人才待遇外，实验室将参照国内外高水平高校、科研机构年薪标准提供高于国内类似实验室的具有全球竞争力的薪酬待遇。实验室专职高级领军学术人员年薪100万~200万，中级骨干科研人员年薪40万~100万，初级科研人员年薪20万~40万。

人员聘用与管理方面，实验室建立不唯职称、不唯帽子论的开放、流动、灵活、高效的人才聘用管理机制，针对实验室各发展阶段，以任务需要为牵引进行人力资源配置，形成按需设岗、合同管理、动态调

---

① 参见紫金山实验室官网。

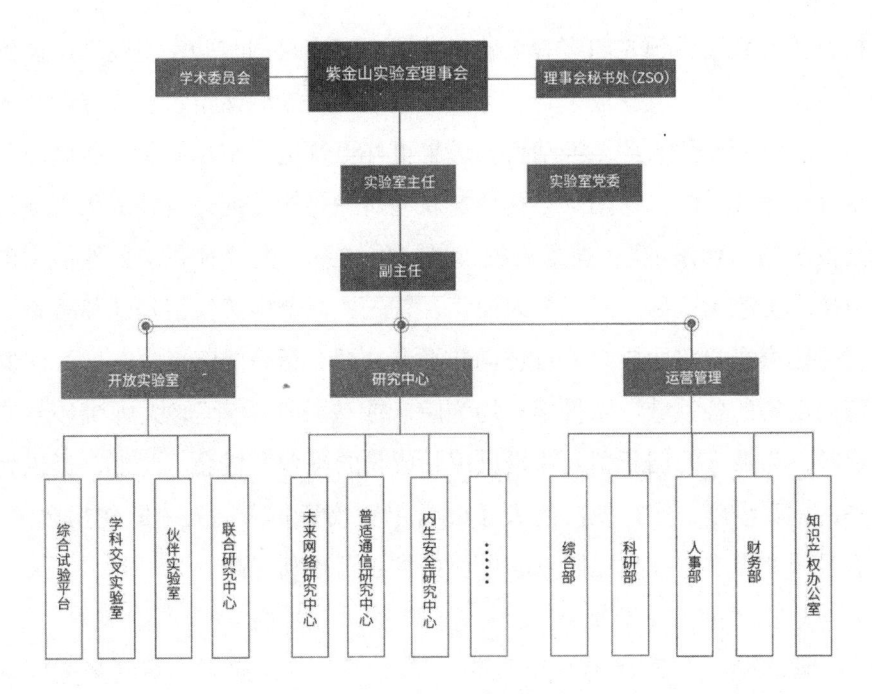

第八章 省实验室科技人才集聚模式经验借鉴

图 8-1 紫金山实验室组织结构图

整、能上能下的形式，确保实验室的高质高效运行；制定对团队引进人才成效的跟踪机制；建立完善的客座研究人员、访问学者访问制度；建立吸引国内外拔尖人才的博士后研究人员管理机制和协同单位间的研究生合作培养制度，充实和优化研究队伍，提升实验室的活力。

人员考核与评价方面，建立人员分类考核的评价体系。科研人员以合同任务目标完成情况作为绩效考核的主要依据；实验技术人员、后勤服务保障人员以服务对象为主体进行绩效考核评价；管理人员以对岗位任务与岗位职责的履责情况为绩效考核主要依据。对从事基础研究与前沿技术研究的科研人员，弱化中短期目标考核，建立持续稳定的经费支持机制。同时，在聘用、考核、晋升等方面，以项目和任务目标路线图执行情况为依据，兼顾投入产出比与投资效益。

科研保障与人才激励方面，紫金山实验室具有充足的科研经费支持,实验室配备领先的实验设备与装置,有充足的实验室空间和团队配备支持。实验室设立成果转化运作专门机构、专职岗位,打造专业化团队,提供专业化服务,推动科技成果更好更快地向市场转化,鼓励取得重大应用成果的人才团队申请认定新型研发机构,促进科技成果与新型研发机构"两落地"。建立科技成果评价体系,实行有利于释放活力的科研人员激励机制。对于个人而言,首先,紫金山实验室是江苏省首个对标国家实验室而成立的科技创新平台,拥有超高的起点。其次,实验室内汇集的各领域首席科学家均为院士或"长江学者",大师带领陪同成长,为加入的创新型人才提供茁壮成长的平台和机会。此外,提供完备的配套设施,实行便捷的人才公寓租赁政策和高端人才的住房政策,满足假期需求,并且比照事业单位提供各种福利保障。

3. 人才效益不断提升

该实验室自 2018 年成立以来,取得了一系列成果。在网络方向领域,刘韵洁院士团队原创性提出服务定制网络架构(SCN),并于 2013 年建成了我国首个未来网络试验网,牵头建设中国在网络与信息领域唯一的国家重大科技基础设施——未来网络试验设施(CENI);自主研制全球首个大网级网络操作系统(已稳定运行 3 年),首次实现了跨 2000 公里以上、30 微秒以内的时延抖动控制;构建了覆盖全国主要省市与长三角、大湾区等重点区域的工业互联网高质量企业外网,将服务数十万企业用户、数百万台设备联网。在安全方向领域,邬江兴院士团队是网络通信和网络安全领域的国家科技进步奖创新团队,该团队发明的"04 机"入选建国 60 年"28 项第一"重大技术成就、网络通信安全系列重大成果,获 4 项国家科技进步奖一等奖,提出拟态计算/拟态防御原创理论,在国内外产生广泛影响,拟态计算 2013 年入选中国十大科技进展。研制成功 10 余种网络空间拟态防御原型系统并已通过线上验证,有望改变网络安全对抗技术的游戏规则。

(二) 之江实验室坚持引育并举构建育人体系

面对新时代科技创新领域竞争加剧、节奏加快，交叉创新领域成为重大成果主要产出地。浙江省之江实验室不断探索体制机制创新与科技创新路径，形成了创新人才集聚效应、科研创新提质增速效应、创新资源汇聚效应、创新成果溢出效应及体制机制创新示范引领效应。

一是加强科技人才引进，构建多元引才机制。以实际能力作为选才引才第一标准。强化任务导向，实行全员聘用制。拓展引才通道，探索新型"共享引才"，与国内顶尖高校院所建立联合引才与人才互聘工作机制，推行全职双聘、项目聘用等灵活用人方式；实施多元形式"专项引才"，开设特聘专家、访问学者等通道，对关键领域鼓励团队整体导入、PI项目组阁引进；激活内部"以才引才"，建立"全员引才"工作模式。人才引进体现灵活高效，定制引才"政策包"，对重大战略任务急需、领域稀缺的顶尖人才和特殊人才，采取"一事一议"方式按需支持。聚焦需求突出引才质量。以承担重大任务能力作为选人核心标准，推进引才绩效考核量化、标准化建设，精准围绕核心领域重大任务搭建"全链条"引才工作体系。同时，建设国际人才网络，形成人才国际竞争比较优势。运用合作纽带密织海外引才网络，充分利用与国际高水平科研机构合作积累的科研基础，和一批国际顶尖高校、研究机构以及学会组织建立人才推介合作。建立海外引才联络点，积极构建海内外高效联动工作机制。创建国际化工作生活环境，建立健全国际化工作体系、语言环境和全流程服务保障机制，为海外人才提供融入科研与生活的良好环境。目前，之江实验室具有海外背景人员比例已超1/3。[①]

二是注重人才培育，营造心怀"国之大者"的科研文化。之江书

---

① 孙毅，李银波，王俊，等. 之江实验室：高质量做好新时代人才工作 [J]. 中国人才，2023 (9)：13-15.

院是之江实验室为统筹实验室员工培训工作，打造分层分类、系统集成的人才培训体系设置的实体化运行平台，于2022年4月15日正式揭牌。之江书院通过开发一批聚焦重点方向的体系化课程、组建一支研究与教学能力兼备的讲师队伍、实施一批面向人才成长全周期需求的培养项目、激活一批开放共享跨学科交流的学术社团、建设运营一个集成学习场景的智慧化线上平台，全面塑造实验室人才培育体系。之江书院下设教学委员会及管理服务机构，目前已开展"启航新人班""领航计划""中青班""学术新星班"等培养项目。

三是强化基础服务，营造职住一体的生活环境。2022年6月18日，之江实验室"方中智海"科学家村正式启用。方中智海：方中，意为世界；智海，意为智慧之海。922套人才公寓迎来室友入住，之江实验室职住一体、配套完善的人才安居保障体系逐渐成形。这种基础性服务，给科技人才带来不一样的居住体验，从而使其迸发科研激情，带来更多创新产出——在科学家村，步行15分钟，是科学家村到实验室的距离。步行10分钟，是科研人员与首席科学家的距离。步行5分钟，是同行者之间的距离。一杯学术咖啡，一次露营漫谈，一场烧脑桌游，话科学、聊人生、谈梦想。

四是制定符合实验室使命任务的人才评价和激励机制。实行全员绩效考核制度，以质量和贡献为依据开展人才评价与激励。建立科学的评价标准，探索人才"帽子"与资源配置、定岗定级、晋职晋级和奖励等脱钩，不把各类人才计划或项目作为人才评价、项目评审的前置条件和主要依据。设立绩效考评特区，对研究周期较长的前沿基础研究，采取年薪制和延长考核周期等措施。建立闭环的绩效管理体系，以创新能力、质量、实效、贡献为导向，在坚持公平、公正评价人才贡献的基础上，兼顾结果与过程、平衡组织与个人需求，实行绩效考核强制比例分布和末位预警淘汰机制。实行多元化奖励激励，加大对解决重大问题、产出高质量成果和做出实际贡献的激励力度，制定收益向研发团队和转化团队倾斜的成果转化应用激励机制，探索发展成果由全员共享的共同富裕实现机制，综合运用物质激励、荣誉激励、发展激励、生活保障等多元激励方式，为科技创新赋能提质增速。

五是发挥政府引导作用，构建"大服务"格局。在创建初期，浙江省从省政府办公厅、省委组织部、省委宣传部、省发改委、省科技厅、省人社厅、省财政厅、省自然资源厅、省审计厅、省建设厅等单位选派10名新"百人计划"干部，到之江实验室挂职，开展组团式服务。在人才政策上省委省政府对之江实验室充分放权，省"千人计划""万人计划"中设立之江实验室专项，由之江实验室参照相应标准自行组织遴选。

（三）季华实验室多措并举组建核心管理人员和高水平科研团队

季华实验室（先进制造科学与技术广东省实验室）是广东省首批建设的4家省实验室之一，由科技部原副部长曹健林担任首任理事长和主任。季华实验室以"顶天立地、全面开放、以人为本、注重实效"为建设原则，面向世界科技前沿和国民经济主战场，围绕国家和广东省重大需求，集聚整合国内外优势创新资源，通过打造一支扎根佛山的科研队伍、搭建一个国际高端的科研平台、沉淀一批自主可控的核心技术、带动一方创新驱动的新兴产业，力争将实验室建设成为先进制造科学与技术领域国内一流、国际高端的战略科技创新平台，引领支撑区域经济社会高质量发展。[①]

季华实验室位于广佛交界中心地区——佛山市三龙湾科技城核心区域，整体占地1000亩（约67万平方米），其中科研用地240亩（约16

---

① 潘慧. 季华实验室："双轮"驱动奋力打造先进制造战略科技力量[J]. 广东科技，2022，31（5）：15-19.

万平方米），建筑面积 30 万平方米，规划产业化基地 760 亩（约 51 万平方米），首期 5 年建设期投入总经费不低于 55 亿元。自 2018 年启动建设以来，实验室坚持科技创新与体制机制创新"双轮"驱动，以科研任务为第一要务，大力推进基础条件建设、制度建设、人才团队建设，整体水平位居省实验室前列。至 2022 年 9 月初，季华实验室引进及组建科研团队达 55 个，总人数达 1405 人，其中固定人员 1015 人，全职引进中国科学院院士 1 名、双聘院士 15 名、高层次人才 38 人、高级职称人才 236 人，形成了一支扎根本土的科研队伍。实验室在"从 0 到 1"的创业过程中容易遇到无人、少人、缺人的创业空窗期。[①] 为解决人才短缺问题，实验室坚持系统化、整建制、全链条的人才引进办法，多措并举，快速组建起核心管理队伍及高水平科研团队。

一是管理团队快速进驻。2018 年 5 月 3 日，首批建设运营团队从援建单位整建制派出进驻佛山，包括常务副主任、副主任、主任助理和各管理部门负责人在内的核心管理人员均脱离原单位全职加入实验室，在理事会领导下全身心投入启动建设工作，迅速搭建起了涵盖科研管理、条件保障、人力管理、财务管理、综合管理、知识产权管理等的全方位组织管理框架。

二是全链条引进科研团队。为快速形成科研生产力，实验室坚持系统化全链条地引进高端科研团队。根据工程研究特点，引进科研团队成员注重形成工艺配套及技术关联，打通产业链上下游。如微波与真空研究团队是围绕半导体产业关键零部件、设备、装备等不同环节，从美国、新加坡等发达国家领军企业引进，短期内便研发出了微波电源、射频电源、静电涂覆设备等系列"卡脖子"产品并实现产业化，填补了国内市场空白。

---

① 季华实验室：一室激起创新千层浪 [N/OL]．佛山日报，2022-09-09．

三是精准施策留住人才。实验室在人才引育过程中注重人才本土化，打造扎根佛山的科研人才队伍，以确保实验室的稳定可持续发展。实验室制定了灵活的人才引进政策，确立"以全职人员为主、柔性引进为辅"的用人机制，要求团队带头人或核心骨干成员全职到岗，充分发挥其在团队中的引领与凝聚作用；已获批正高级专业技术职称的评审权限及佛山市企业博士后工作站分站，打通了科技人才在本地的事业晋升通道。同时在绩效管理等方面为人才"松绑"，确立了"不唯论文、不唯职称、不唯学历"的用人倾向，注重标志性成果的质量、贡献和影响。在启动建设期内，实验室全职人员数量占省内全部省实验室全职人数的38%，员工离职率仅为2.6%，远低于科技行业平均10.7%的主动离职率。

四是注重青年科技人才培育。将人才培养的重点聚焦于青年才俊，创新科研组织模式，支持青年人才挑大梁当主角。如自主设立青年创新基金，每年投入不少于1500万元的科研经费支持35岁以下青年科研人员自由申报课题，已培育出新型非充气轮胎、基于拉曼分析的机械自动化摘酒设备等兼具科研创新性及产业转化潜力的特色成果；成立X研究室（X Lab）及青年创新学社，组织不同专业领域的青年人才组建交叉学科团队，加强学科之间协同创新，围绕产业技术需求开展联合攻关，在人工智能发酵食品检测技术研究方面已取得阶段性进展，与九江酒厂达成技术研发协议，推动酿酒工艺流程数字化、智能化转型。

（四）深圳湾实验室打造人才聚集"强磁场"

作为广东省、深圳市建设粤港澳国际科技创新中心和综合性国家科学中心的重大战略部署，深圳湾实验室始终坚持"四个面向"，以满足粤港澳大湾区对拔尖创新人才的迫切需求为目标，着力推动全人才梯队建设，奋力打造成立足深圳、引领湾区、辐射全国、有国际影响力的科技、教育、人才三位一体创新高地。实验室自2019年1月成立至今，已有在职人员（含学生）1600余人，全职人员1000余人，科研团队百余个，科研人员占比超85%，拥有两院院士及外籍院士8人，各类高层次人才近200人。①

一是以引为先。深圳湾实验室以科学家为中心，注重营造自由开放、公平公正的学术氛围和惜才爱才重才的浓厚氛围，着力构建青年科研人才引育新生态，以特有的高精尖技术支撑平台集群优势，全球范围高标准引进人才，建立"科研无忧"人才保障机制，不断完善"一站式"人才服务体系，让科研人员实现"拎包入住"，专注科研。现已聚集颜宁、詹启敏、吴云东等数十位战略科学家与领军人才，战略人才力量不断积蓄。同时，实行"以才引才""严进严出"策略，在系统生物学、计算化学、化学合成、药物开发、单细胞分析等学科领域形成国内人才聚集地，全职引进了一批具有国际竞争力的青年人才和具有成功产业转化经验的稀缺人才，全职率88%，居全省实验室首位。引进的百余位PI中，以青年人才为特色，其中50多位为哈佛大学、斯坦福大学、斯克利普斯研究所等全球Top100高校或科研机构的80后、90后年轻研究人员，平均年龄约31岁，正处于最富创造力的"科研黄金期"，实验室原始创新能力及活力被极大地激发；从事转化研究的领军人才以有成功产业化经验为特色，均有20年以上知名药企工作经历，在各自行业领域有过突出贡献。在博士后研究人员引进方面，实验室建立了"奋楫博士后"管理机制，面向全球选拔道德品质优良、理论基础扎实、科研作风严谨的优秀博士毕业生，资助其研究工作。

二是以育为本。不断夯实人才发展基础，积极探索人才考核评估和培养机制，充分发挥资深研究员的传帮带作用，以青年学者研究需求为

---

① 胡晓军. 深圳湾实验室：奋力打造人才聚集"强磁场"[J]. 中国人才，2023（9）：16-18.

主，重点针对研究发展方向，鼓励资深研究员开展"一对多"指导，为青年学者指向把舵，助力原创科研成果产出。为加强科研团队建设，鼓励交叉融合，支持创新性研究，实验室建立"深圳湾学者"管理机制，着力推动与国内外知名高校联合培养人才，分为"深圳湾港湾学者""深圳湾同舟学者"和"深圳湾启航学者"三个类别。"深圳湾港湾学者"和"深圳湾同舟学者"旨在支持外单位优秀研究人员在深圳湾实验室开展访问研究，促进学科交叉，提升科研水平；"深圳湾启航学者"旨在培养和支持一批学术基础扎实、具有突出创新能力和发展潜力的青年学者，强化学术梯队和科研团队建设，鼓励原创大胆的科研探索。目前，同舟学者已有30余人，来自清华、北大、宣武医院、中山大学医学院等十余所高校及知名医院，启航学者已有10人，开展的PET探测器研发、锥束CT成像、蛋白质生物物理等项目，均取得积极进展。同时，深化与高校人才培养的联动合作，推动深港融合、国际合作等项目，累计招收培养学生逾700人，在册学生近400人，分别来自海内外145所高校。

三是以用为重。紧紧围绕国家战略布局，推动科研任务与自由探索有机结合。面对国家重大需求、经济主战场和人民生命健康等诸多生命科学问题，充分发挥有组织科研的优势，并注重与公共卫生应急体系有机协同，推行"吹哨集结"联合攻关模式，打破研究所/中心、课题组之间的壁垒，以问题定任务，以任务组团队，迅速集结科研"先锋队"集中突破。如新冠疫情期间，迅速组织10余个课题组与市相关防控医院开展新冠病毒协同攻关，取得新冠病毒发病机理、新型mRNA疫苗等科研任务突破性进展；阿尔茨海默病研究汇聚了神经、肿瘤、生物医学工程等不同领域研究人员，以及临床医生共同破解难题，研发了新型早期筛查技术；分子科学计算软件，由量子力学、计算生物学、生物信息学、计算机科学等领域顶尖人才共同研发，填补了国内自主开发分子动力学模拟软件的空白；等等。生命科学科研成果不断涌现，充分体现了"大兵团—小分队"的科研攻坚能力。累计获批国家、省各类纵向项目135项，累计获批经费合同额逾2亿元。于国际著名学术期刊发表论文1300余篇，申请专利227件，其中已授权发明专利46件。当前，实验室已拥有一大批具有良好发展势头的科研项目，有望产出一批具有前瞻性、引领性的原创成果。

未来，深圳湾实验室将进一步吸引和培育科技创新人才，一是面向海内外吸引和培养一批高层次技术创新人才，打造结构合理的人才团队。加强科研载体的人才培养与生物医药产业的互动，推动生物/医学博士研究生招生名额向深圳倾斜，支持联合培养研究生、博士后等。二是加大国际化转化型人才引进力度，并对其给予保障，提供健康、医疗、养老等保险服务，鼓励外籍人才创办科技型企业，落地转化科研成果，打造"金融+人才"的创新创业模式，深入推进与具有较高行业知名度和业界成就的外单位优秀专家学者共建研究团队，打通"创新链+产业链"研究渠道。三是推动科技成果分配确权指引的细化，将科研成果转化人才队伍纳入国家水平评价类职业资格等相关事宜，申请新型科研机构因地制宜制定评审、认定技术转移转化职称权限。

三、省实验室科技人才集聚的发展态势

从以上实验室案例可以看出，国外知名实验室注重人才发展环境建设，引育并举，打造科技人才生态软实力。我国发达地区重视省实验室科技人才投入，科学制定省实验室科技人才战略规划，有序推进人才引进，已取得明显成效。总体上，我国省实验室科技人才集聚的发展态势主要体现在人才分布不均、引进机制更加灵活、更加注重培育环节、投入模式不断优化、人才关怀体系日臻完善五个方面，值得省实验室科技人才引育参考借鉴。

(一) 省实验室科技人才分布不均衡继续加剧

省实验室是地方政府为主投资的准公共产品。由于各地对省实验室的重视程度不一,加上财力有一定悬殊,用于省实验室的经费预算差异较大,这会影响省实验室基本建设、平台打造、人才投入,在一定时期会出现"马太效应"。目前,北京、上海、长三角地区、粤港澳大湾区对省实验室的投入较大,除新建实验室大楼、园区,还按国际一流标准打造重大科技设施集群,并积极参与"国际大科学计划",抢占新一轮科技革命制高点,对科技人才的吸引力倍增,因此未来这些地区省实验室的科技人才规模将继续增大、人才准入门槛将不断提高。例如,之江实验室主攻智能感知、人工智能、智能网络、智能计算和智能系统五大科研方向,实验室规划建设1400亩(约93万平方米),短短5年间其人才总规模已突破2800人。但同时,一些区域虽然在兴建省实验室方面寄希望于上一级财政支持,囿于地方财力有限,恐难以保持持续性的高强度经费投入,即使有一定的科技资源基础,也会在未来"人才争夺"中处于被动。今后,省实验室将成为体现区域科技人才实力的重要窗口。

(二) 省实验室科技人才引进机制更加灵活

省实验室科技人才引进机制主要表现在"五个转变":(1)引才方式从"引人才"向"引团队"转变。省实验室科技人才引进从实际需求出发,主要基于研究方向、研究项目、团队建设三个维度,根据需要合同管理,随用随聘,聘期灵活。例如,松山湖新材料实验室为学术带头人提供1000万元团队经费,并给予博士后、联合培养研究生名额。(2)考核模式从"考个人"向"考群体"转变。例如,根据浙江省实验室有关规定,将绩效考核权授予一线科学家,采用首席科学家负责制的团队考核模式,实验室只考核首席科学家,再由首席科学家对内部团队进行考评，采用里程碑式管理，充分体现"科学家为中心"[①]。（3）聘用身份从"单位人"向"社会人"转变。例如，山东省规定省实验室可登记为省级事业单位法人，其内部管理打破人员身份限制，实行统一的薪酬管理模式[②]。（4）科研管理模式从"封闭管理"向"揭榜挂帅"转变。省实验室设立的项目日益开放，不限于实验室内部人员，而是面向社会公开"发榜"，只要符合基本条件即可自主"领题"，经过遴选产生项目资助对象。例如，姑苏实验室在中国国际纳米技术产业博览会上公开发布38个项目指南，邀请产业界一起攻坚克难，通过"揭榜挂帅"方式延揽人才。（5）用人方式从"聘用式"向"混合式"转变。例如，紫金山实验室整合东南大学、中国电子科技集团公司第十四研究所等"大院大企"力量，组建联合研究中心和伙伴实验室，充分发挥混合体制的优势，以更柔性的方式引才，组织国内外一流科学家来牵头承担实验室相关领域前沿研究任务，从而汇聚全球顶尖的研发团队。

（三）省实验室更加注重科技人才培育

面向海外引进高层次科技人才仍然是省实验室引才主攻方向。部分省实验室充分运用国家自然科学基金委"海外优青"专项政策，大力实施海外优秀青年人才引进计划。在大力引才的同时，省实验室更加注重人才自主培养。例如，广州生物岛实验室成立"黄埔学院"，致力于为行业输送具有国际视野与一流水平的战略科学家、科技领军人才及创新创业管理团队，通过与知名大学联合培养研究生，与业界共建联合实验室、创新实践基地以及临床（前）研究转化基地等方式，打造生物

[①] 浙江省科学技术厅 浙江省财政厅关于印发《浙江省实验室管理办法（试行）》的通知 [EB/OL]. 浙江省科学技术厅网，2021-01-22.

[②] 山东省人民政府《关于烟台新药创制等3家山东省实验室建设方案的批复》 [EB/OL]. 山东省人民政府官网，2022-04-22.

科学领域的"黄埔军校"。之江实验室重视科学家队伍建设，实施"领航计划""远航计划"等科研人才成长工程，推动一批青年人才快速成长为科研项目负责人、科研与管理双优的团队负责人。湖畔实验室以企业牵头组建的实验室建立技术与业务双跨的组织设计，中心主任同时带领技术团队和应用团队，业务和技术无缝衔接，有助于技术研发到产业化闭环的形成。鹏城实验室建立开放式合作网络，与北大、清华、国科大、哈工大、南科大5所高校开展联合培养博士生试点，提前储备科技人才。

（四）省实验室科技人才投入模式进一步优化

从资金投入结构看，前期投入以省级及地市政府出资作为引导。随着省实验室初具雏形，人才投入结构逐步转向平台、项目、人才一体化，更加注重资金投入的实际效果。同时，随着市场手段不断应用于省实验室研究，将会吸引更多的市场主体、金融资本和社会资金参与，降低政府的项目实施成本。例如，姑苏实验室设计"成果交易前置"机制，有意向合作的企业需"带资进场"，省实验室按照1∶1的比例匹配经费，双方共同立项开展项目研发，充分挖掘省实验室在攻克关键技术方面的硬核潜力。未来围绕省实验室设立新型产业技术研究院、专业孵化器、创新样板工厂、产业园、产业基金等创新组织将增多，从而夯实以省实验室为内核的区域创新生态系统。与此同时，省实验室科技人才队伍呈现多元化态势：一部分人潜心基础研究，保持"十年不鸣、一鸣惊人"的从容心态；一部分人开展重大关键核心技术攻关，解决产业"卡脖子"问题；还有一部分人则围绕行业需求，开展产学研合作或自主创办公司，将省实验室成果转化为现实生产力。与此同时，目前，我国部分实验室面临人员结构有待优化完善、行政辅助人员缺少激励机制、经费投入缺乏统筹、经费支出比例不合理、建成后运行管理不力等方面的短板，因此需要从优化人员配置、设立辅助人员考核激励机制、探索新型实验室体制机制等方面出发，加强重点实验室的人员配置、经费划拨等方面的改革工作，为这类实验室运行发展提供更加有力的保障条件。①

（五）省实验室科技人才关怀体系日臻完善

随着省实验室建设的深入推进，将更注重人才生态建设，建立拴心留人的机制，让来自海内外的科技人才有认同感、归属感、获得感。薪酬体系方面，在保持职位薪酬稳定增长的同时，优化绩效薪酬分配结构并提升其强度，实施特殊薪酬认可计划，探索长期薪酬方案。除物质激励外，还要营造优良的生活环境，不断完善人才服务体系，更细致地关心呵护科研人员。例如，之江实验室创办托育园、举办集体婚礼等，为青年科技人才解除后顾之忧。深圳湾实验室实行"管理去行政化"和"需求即时响应"，营造自由、开放、创新的实验室文化，并注重员工心灵建设，开展使命引导与生涯规划，为科技人才报效国家、实现自身价值提供发展条件。

---

① 王春安，危紫翼，杨茜，等．国外先进实验室人员配置与经费情况对我国实验室建设运行的启示［J］．实验技术与管理，2021，38（12）：243-248，282．

第九章

基于湖北省实验室科技人才生态优化的实证分析

人才集聚是关于人才开发战略的重要概念之一。国内外学者研究表明，人才集聚模式一般包括市场主导性人才集聚模式、计划型人才集聚模式、政府扶持性人才集聚模式。2021年以来，湖北省挂牌成立光谷实验室、珞珈实验室、洪山实验室等10家省实验室（亦称湖北实验室或省实验室），探索科技人才集聚的新模式。面对日益激烈的人才竞争，如何利用省实验室吸引一流学者和顶尖团队集聚，进而促进省实验室发展提质增效，加快建设具有全国影响力的科技创新中心，成为社会各界关注的焦点。

目前，湖北实验室建设还处于"边建设、边运营"的起步阶段，相关统计数据并不齐全。为此，作者采取"互联网+田野调查"方法，围绕省实验室建设与科技人才聚集，查阅大量文献资料，从10家省实验室网站和相关资料中获取有价值的报道、文件等，去伪存真、去粗取精，在此基础上进行文本分析与数据统计，并结合实地调研与访谈，梳理省实验室科技人才发展现状及问题，通过实证分析，提出基于科技人才集聚的省实验室提质增效对策。

一、湖北省实验室科技人才队伍建设现状

在湖北，省实验室的建设历史可以追溯到21世纪初武汉国家光电实验室的筹建。2003年10月，武汉光电国家实验室（筹）在东湖之滨奠基。2004年4月，叶朝辉院士受聘为武汉光电国家实验室（筹）第一任主任。2017年11月21日，科技部发布了《关于批准组建北京分子科学等6个国家研究中心的通知》，历经14年筹建的武汉光电国家实验室（筹）转设为国家研究中心。与此同时，国家层面提出发挥科技举国体制组织"科技攻关"，国家实验室建设备受重视。2017年全国科技大会期间，科技部提出按照"成熟一个、启动一个"的原则，在重大创新领域启动组建国家实验室。作为科技资源丰富、具有多年国家实验室建设基础的湖北显然不能缺席。在此背景下，围绕国家实验室的创建，湖北开启省实验室探索之路。2019年，作为东湖科学城重要项目，湖北东湖实验室建设拉开帷幕。

（一）湖北省实验室建设概况

近两年，湖北省委、省政府将省实验室作为建设科技强省的重要举措。2020年12月2日，中共湖北省委十一届八次全会明确提出"积极争创国家实验室，建设高水平实验室"。随后，省政府研究制定《湖北实验室组建方案（试行）》，印发《湖北实验室建设与运行管理办法》，进一步明确湖北实验室的战略定位、组建原则、管理体制和运行机制，为省实验室建设提供制度保障。

1. 挂牌运作进度

在湖北，省实验室分两批揭牌成立。2021年2月18日，第一批包括光谷实验室、珞珈实验室等7家省实验室集中揭牌。2021年12月21日和12月24日，第二批包括三峡实验室、隆中实验室先后揭牌，此前《省人民政府关于组建湖北隆中实验室、湖北三峡实验室的通知》于2021年12月3日发布。2023年8月27日，湖北时珍实验室揭牌成立。目前，10家省实验室均已形成建设方案，内部管理制度不断完善，并对外挂牌运作。例如，东湖实验室在建设的同时，编制了《东湖实验室建设规划》《湖北省东湖实验室引领产业发展规划（2020—2035年）》，研究提出了首批 8 个重大科研项目，组织研究论证 100 多个"十四五"重大科技攻关项目。

2. 场地建设进展

在湖北，省实验室场地建设有新建、扩建、改造三种模式。至 2022 年年底，3 家省实验室已完成场地改造装修，5 家省验室场地仍处于扩建、新建阶段，2 家尚处于选址阶段（表 9-1）。省实验室积极寻求扩大规模，例如，光谷实验室目前在华中科技大学光电信息大楼办公（12 万平方米），但未来或将搬至校外。

表 9-1 省实验室场地建设情况统计

省实验室名称	成立时间	建设模式	场地规模	建设进度	场地地点
光谷实验室	2021-03-26	扩建	待定	选址	拟落户东湖高新区九峰山科技园
珞珈实验室	2021-04-02	改造	2 万 m^2	完成	武汉大学信息学部星湖综合大楼
洪山实验室	2021-03-31	扩建	13 万 m^2	在建	武汉洪山区华中农业大学校内
江夏实验室	2021-04-22	扩建	7 万 m^2	完成	武汉江夏区光谷南大健康产业园
江城实验室	2021-04-14	改造	6.7 万 m^2	在建	东湖新技术开发区高新四路 18 号
东湖实验室	2019-08-27	新建	首期 10 万 m^2	在建	东湖新技术开发区滨湖街方咀村
九峰山实验室	2021-04-08	新建	一期 10 万 m^2	在建	东湖新技术开发区关东科技工业园
隆中实验室	2022-02-28	新建	7 万 m^2	在建	武汉理工大学襄阳校区

续表

省实验室名称	成立时间	建设模式	场地规模	建设进度	场地地点
三峡实验室	2021-12-21	扩建	5.2万 m^2	完成	宜昌市猇亭区兴发集团研发中心
时珍实验室	2023-08-27	改造	待定	选址	湖北省中医药研究院仁济楼

资料来源：根据省实验室有关资料整理。

在现有10家省实验室中，九峰山实验室科技园场地建设超前规划。该园区构建"一核三区，双轴交汇"的空间格局，"一核"即九峰山实验室科技创新核，系统布局实验室、研究院、孵化器等创新业态，"三区"为创新策源区、产业发展区、人才集聚区"三区"（图9-1）。科技园将构建设备、材料、设计、芯片、器件、模块、制造、封装、检测的全产业链体系，推动创新链、人才链、资金链和产业链深度融合发展，形成创新活跃、要素齐全、开放协同的产业生态，成为化合物半导体产业全球科技人才首选地。

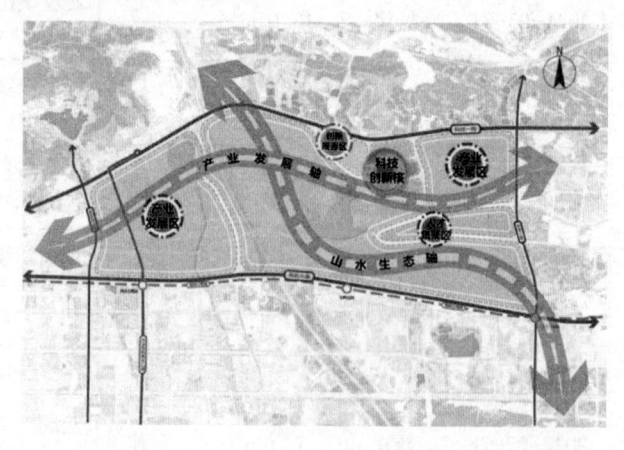

图9-1 九峰山实验室科技园空间布局图

其中，九峰山实验室致力于建设先进的化合物半导体研发和创新中心，已建成全球化合物半导体产业最先进、规模最大的科研及中试平台，包括全球一流的化合物半导体工艺、检测、材料平台，2023年3月实现8寸中试线通线运营，同年8月，九峰山实验室6寸碳化硅中试线全面通线，标志着实验室已具备碳化硅外延、工艺流程、测试等全流程技术服务能力。根据规划，到2025年，九峰山实验室科技园区将基本落成，聚集产业链企业100家以上，培育1~2家细分领域龙头企业，形成化合物半导体全产业生态；到2035年，九峰山科技园全面建成，成为全球化合物半导体领域最重要的科研和产业高地，诞生一批战略性原创科学成果，培育一批具有国际竞争力的领军企业，推动我国化合物半导体技术水平实现全球领先。

3. 设备仪器添置

在湖北，光谷实验室、珞珈实验室、东湖实验室、洪山实验室、江城实验室等以光谷科学城重大科技基础设施群建设为契机，积极参与脉冲强磁场、精密重力测量、武汉光源、高端生物医学成像等设施建设。此外，在当地政府及有关企业支持下，隆中实验室、江夏实验室正在采购仪器设备，襄阳市政府还为隆中实验室安排1亿元资金。珞珈实验室与赤壁市政府共建智能无人系统测试基地，总投资3.3亿元，聚焦智能无人系统核心关键技术突破，开展智能机器人、自动驾驶汽车、无人机等各种智能无人系统的示范验证。

4. 资金筹集方式

在湖北，省实验室采取"政府主导、省市区联动、社会参与"的方式，采取四种方式筹集资金：（1）向国家争取项目资金。例如，2021年，光谷实验室与共建单位深度合作，申报获批国家、省市重大科研项目6项，总经费2亿多元。（2）省级政府专项支持。2021年，湖北省省级财政出资3.5亿元，支持7家省实验室运营。（3）地方政府支持。如襄阳市政府向隆中实验室提供实验大楼及装修、仪器设备等经费。三峡实验室实行政府定补和企业投入相结合，宜昌市每年投入4000万元，兴发集团每年投入不低于2000万元。洪山实验室获得武汉市洪山区政府支持2亿元。（4）向社会、企业筹集。例如，江城实验室通过各渠道自筹研发经费超过5000万元，带动科研项目总投入11.7亿元。光谷实验室与有关机构签订"湖北数字智能科创基金壹号""湖北长证星火投资基金"的共建合作协议，争取社会资本投入实验室科技成果转化。大北农集团计划向洪山实验室出资6亿元，加强生物种业领域科研攻关、成果转化、高层次人才招募、乡村振兴战略实施等合作。

（二）湖北省实验室科技人才引育现状

在湖北，省实验室科技人才集聚规模不断扩大，实验室体系化能力不断彰显。据初步统计，湖北实验室成立短短2年多时间，已集聚51位院士、1400余名科研人员，聚焦优势领域凝练38个研究方向开展技术攻关，并取得一系列标志性成果。

1. 引才主体

从省实验室牵头单位看，主要包括4种类型：一是高校为主型。目前有3家，光谷实验室依托武汉光电国家研究中心，由华中科技大学牵头组建；珞珈实验室依托测绘遥感信息工程国家重点实验室、国家卫星定位系统工程研究中心、中国南极测绘研究中心等单位，由武汉大学牵头组建；洪山实验室依托作物遗传国家重点实验室，由华中农业大学牵头组建。二是科研院所为主型。目前有1家，即江夏实验室，由中科院武汉病毒研究所牵头组建，长江产业投资集团负责运营。三是企业为主型。目前有3家，江城实验室由长江存储科技有限责任公司牵头组建，三峡实验室由兴发集团牵头组建，九峰山实验室由武汉高科集团组建。四是校地共建型。目前有2家，东湖实验室由国防院校与武汉市共建，目前处于建设阶段。隆中实验室由市校共建。该实验室依托襄阳市人民政府建设，依托武汉理工大学运营管理，参建单位包括6家高校、1家央企、2家骨干企业和6家在襄企业，按四大方向，共有8位首席科学家（表9-2）。

表9-2 隆中实验室建设情况统计

研究方向	参建单位	性质	首席科学家
牵头	武汉理工大学	高校	
方向一：新材料基础研究	华中科技大学	高校	姜德生院士 傅正义院士
	湖北工业大学	高校	
	湖北文理学院	高校	
	武汉科技大学	高校	
	湖北泽融检测技术公司	在襄企业	
方向二：新能源汽车动力技术新材料	华中科技大学	高校	李德群院士 麦立强教授
	骆驼集团股份有限公司	在襄企业	
	东风汽车股份有限公司（襄阳）	在襄企业	
	湖北航天化学技术研究所	在襄企业	
	湖北回天新材料股份有限公司	在襄企业	
方向三：汽车及运载装备轻量化与节能新材料	襄阳航空研究院	在襄企业	严新平院士 华林教授
	湖北汽车工业学院	高校	
	东风汽车集团有限公司	央企	
方向四：前沿新材料与新功能研究	湖北省交通投资集团	骨干企业	张联盟院士 王发洲教授
	武汉材料保护研究所有限公司	骨干企业	

资料来源：隆中实验室内部资料。

2. 目标定位

在目标定位上，省实验室是全省组织开展跨学科跨领域协同创新的综合性科研平台。具体而言，珞珈实验室提出"以空天战略性前沿技

181

术体系构建与自主核心软硬件研制为目标,着力突破空天科技领域前沿科学难题和共性关键技术,开展科技创新和产业化实践,建成空天科技发展高地和代表我国空天科技水平的战略科技力量"。洪山实验室提出,"服务国家战略,整合省内外优势科研力量,打造生物种业战略科技力量,致力种业振兴"。此外,省实验室的进阶目标也不尽相同。例如,光谷实验室、洪山实验室、东湖实验室明确提出创建国家实验室,江城实验室建议举全省之力建设存储器技术国家重点实验室,三峡实验室正在探求与工信部共建国家重点实验室(表9-3)。某种意义上,省实验室的战略定位影响科技人才需求规划,也影响应聘者的职业选择。

表9-3 湖北实验室战略定位

实验室名称	战略定位	进阶目标
光谷实验室	提升光电领域原始创新能力,突破光电信息产业发展关键技术瓶颈	国家实验室
珞珈实验室	建成空天科技发展高地和代表我国空天科技水平的战略科技力量	——
洪山实验室	打造生物种业战略科技力量,致力种业振兴	国家实验室
江夏实验室	打造全国最优、世界一流的生物安全条件平台,成为国家生物安全与健康领域的高端人才集聚地、原始创新策源地和重大成果输出地	——
江城实验室	为下一代存储器产业化提供坚实理论基础和务实解决方案	国家重点实验室
东湖实验室	建设突破型、引领型、平台型一体的综合性应用基础研究基地	国家实验室

续表

实验室名称	战略定位	进阶目标
九峰山实验室	打造成全球最具影响力的化合物半导体科研创新高地,建设世界领先的化合物半导体研发和创新中心	——
隆中实验室	开展材料领域原始创新,形成全链条关键技术,推动产业集群发展	——
三峡实验室	打造成为绿色化工领域的战略科技力量	国家重点实验室
时珍实验室	围绕老年健康重大基础性问题,揭示老年病发病规律与科学内涵,提升湖北在国家中医药创新中的战略地位	中医药领域国家实验室

资料来源：根据省实验室有关网站资料整理。

3. 研究领域

在领域方向上,省实验室面向国家重大战略需求和湖北省产业经济发展需要,结合湖北省优势学科和重点产业,综合考虑科研实力、竞争优势、基础条件,在光电科学、空天科技、生物育种、集成电路、生物医药、化合物半导体、新能源汽车、绿色化工、中医药等领域进行布局(见表9-4)。因此,10家省实验室的研究方向各异,对科技人才的引进需求也分布在相关学科领域。

表9-4　湖北实验室科技人才的研究领域

实验室名称	主要研究领域
光谷实验室	光电器件与集成、激光技术与装备、生物医学影像装备、柔性电子器件与材料
珞珈实验室	高精度时空基准与智能导航定位、空天科技关键芯片与核心装备、空天信息人工智能方法与安全技术、空天信息探测与实时智能服务

续表

实验室名称	主要研究领域
洪山实验室	农业生物种质资源保护与创新、重要性状的生物学基础、绿色优质品种培育、农业绿色生产体系、农产品质量安全与营养健康等
江夏实验室	广谱抗病毒小分子药物研发、新型载体疫苗研发与应急疫苗储备、抗病毒生物大分子药物研发、新一代病原侦检消技术与装备
江城实验室	新型存储材料器件及机理、三维集成核心关键工艺、新型存储器芯片架构与设计、存储器芯片制造用关键设备及基础材料等
东湖实验室	电磁能领域科学技术研究等
九峰山实验室	化合物半导体工艺领域、化合物相关MEMS、特种先进封装、多材料集成
隆中实验室	先进车用材料基础研究、新能源汽车动力技术新材料、汽车及运载装备轻量化与节能新材料、前瞻性车用新材料
三峡实验室	微电子关键化学品、磷基高端化学品、硅系基础化学品、绿色化工过程强化、化工高效装备与智能控制
时珍实验室	老年健康、老年病防治大健康产品开发与相关中药资源可持续利用

资料来源：根据省实验室有关网站资料整理。

4. 人才结构

从岗位类型看，主要分为科研人员、实验技术人员、管理人员三种。如光谷验室现有493人，其中科研人员449人，占91%；工程技术人员15人，占3.3%；管理人员29人，占5.7%。在科研人员中，45岁以上170人，占37.9%；35~45岁207人，占46.1%；35岁以下72人，占16%（图9-2）。从职称结构看，正高职称227人，占46%；副高职称183人，占37.2%；中级职称83人，占16.8%。

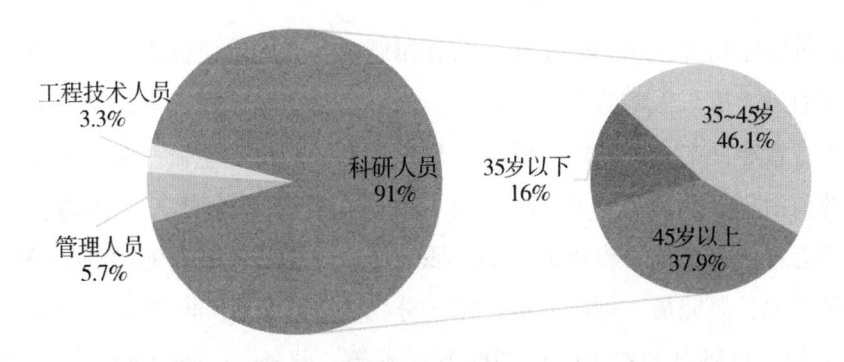

图 9-2 光谷实验室科技人才岗位类型与年龄结构

从人才流动性看，省实验室有固定人员岗和流动人员岗（如双聘、客座、访问学者、博士后、临聘等）。以江城实验室为例，该室共有员工203人，其中固定人员195人，流动人员岗8人。通过"直聘+双聘"等形式引进、聘任科学家共83名，其中战略（管理）科学家26名、学术科学家44名、产业科学家13名。并面向博士、博士后量身打造"梁子湖计划"，录用优秀博士毕业生22名。

从人才层次看，省实验室聚集了一批院士、国家级人才（如长江学者、杰青）、省市级人才。如洪山实验室现有238名科研人员，其中院士7名，杰青、长江学者等国家高层次人才88名，院士、杰青、长江学者等领军人才约占全国生物种业领域同层次人才的12.5%。

5. 引才模式

在湖北，省实验室面向全球引进科技人才，引育并举，主要包括公开聘才、平台引才、合作揽才、基金育才、论坛聚才5种模式，通过单聘双聘、全时全职及承担项目等方式，引进各类人才1400余人。

一是公开聘才。如洪山实验室2021年上半年向全球发布了人才招聘公告，目前全职引进20多名海内外优秀人才至实验室。并组织完成了两批固定研究人员招聘工作，共计招聘218名固定研究人员，是科技人才引进力度最大的省实验室之一。光谷实验室与武汉光电国家研究中心联合宣布面向全球招聘科学家，聚焦信息、能量、生命三大光电子领域的前沿创新，最高年薪120万元，并通过组织"全球人才云聘会"，收到近百位海外优秀青年人才的求职简历。珞珈实验室向海内外招聘学术带头人、研究员、副研究员，年薪分别为70万元、40万元、25万~35万元，科研启动费10万~200万元不等。此外，三峡实验室、江夏实验室、江城实验室等也通过公开招聘方式发出"求贤榜"。

二是平台引才。例如，光谷实验室创建了运动与健康智能化技术、海洋装备精密制造等7个技术创新中心，作为青年科技人才研发平台。江城实验室积极建设12英寸集成电路中试服务平台，通过平台广纳集成电路领域人才。江夏实验室以自有经费3000万元吸引浙江华海药业、湖北天勤生物科技等优势企业投入4.1亿元，先后布局小分子药物研发平台、大分子药物研发平台、动物实验与安全评价平台和药物分析与代谢技术平台，在较短时间内形成50余人规模、以中青年为主的科研团队，形成专门从事抗病毒疫苗、药物、检测研发的高水平人才队伍。九峰山实验室已建成目前全球化合物半导体产业最先进、规模最大的科研及中试平台，其拥有全球一流的化合物半导体工艺、检测基础设施，目前实验室工艺中心8寸中试线通线运营，首批产品成功下线，填补了国内相关生产工艺空白。目前，九峰山实验室正加紧推进6寸中试线通线，目标是打造全球化合物半导体领域最重要的科研和产业高地。在平台吸引下，400多位海内外人才相继加入九峰山实验室。

三是合作揽才。洪山实验室采取"委托协商制"的方式围绕重大基础科学问题和行业产业需求组织重大研究项目，采取"揭榜挂帅"方式设置开放课题，在全球范围内公开招标团队进行攻关。珞珈实验室设立开放研究基金，投入1200万元，面向实验室参建单位及其他人员开展合作研究。三峡实验室设立各类项目145项，总预算投资8.7亿元，其中谋划的29个重点研发项目中，13个项目已有意向技术合作单位或较明确的研发方向，另16个项目以"揭榜挂帅"方式面向国内外招募优秀团队。

四是基金育才。如光谷实验室投入2000万元专项项目经费，启动17项技术创新专项项目，并设立"主任基金"支持陶光明、马修泉等有发展潜力的青年科学家。襄阳市启动"湖北隆中实验室科技专项"，安排1000万元用于隆中实验室科技人才研发。江城实验室发起设立湖北江城私募基金管理有限公司，募集基金规模5亿元，筛选以实验室为创新源头的集成电路创新链、产业链项目50多个。

五是论坛聚才。如九峰山实验室举办论坛吸引人才聚集。2023年4月20日，首届中国光谷九峰山论坛暨化合物半导体产业大会开幕。干勇、尤政、郝跃、祝世宁、罗毅、封东来、Lars Samuelson等海内外院士、专家、企业嘉宾共1200余人参会，该会议聚焦全球化合物半导体发展态势，探索未来合作发展方向。围绕打造全球化合物半导体创新灯塔和产业高地，东湖高新区发布九峰山科技园区规划，宣布九峰山实验室发展进度，设立产业基金，签约项目总金额近300亿元。

6. 取得成效

在湖北，省实验室科技人才取得累累硕果。[①]

光谷实验室实现了400微焦脉冲能量飞秒激光器的工程化，技术指标达到国际先进水平。在国际上首次发现面—体复合型的"幽灵"双曲极化激元电磁波，研制出我国首台铁路轨道在线强化与修复车辆、我国首台十万瓦级超高功率工业光纤激光器、国内唯一具有完全自主知识

---

① 粘来霞，李杰. 聚焦湖北科技：9家湖北实验室重大科技成果不断涌现[EB/OL]. 凤凰网湖北，2023-01-04.

产权的可印刷介观钙钛矿太阳能电池。

珞珈实验室参与研制并发射"启明星一号"卫星及"珞珈三号 01 星",发布我国首个全球雷达正射影像一张图和全国地标形变一张图,发射我国首颗可见光高光谱和夜光多光谱多模式在轨可编程微纳卫星"启明星一号"。

洪山实验室发现了提高玉米和水稻产量关键基因,揭示了玉米和水稻趋同选择遗传规律,关于玉米、水稻产量的关键基因成果入选"2022 年中国十大科技进展"。成功育成多个水稻新品种、油菜新品种、1 个生猪新品种(硒都黑猪),实现湖北省生猪国审品种"从 0 到 1"的突破。李国田教授团队最新研究成果在 Nature 杂志在线发表,通过"分子剪刀"创制了新型广谱抗病基因,实现对稻瘟病、白叶枯、稻曲病三病抗性的"加持",未来可减少近四成水稻产量损失。

江城实验室成功开发出世界首款高速、纳米级工业检测传感器,首席学术科学家缪向水教授团队在忆阻器与阻变存储器研制方面取得重大突破。

九峰山实验室 6 寸碳化硅(SiC)中试线全面通线,首批沟槽型 MOSFET 器件晶圆下线,已具备碳化硅外延、工艺流程、测试等全流程技术服务能力。三峡实验室聚焦磷石膏综合利用、微电子关键化学品、新能源关键材料等绿色化工关键核心技术进行攻关,成果丰硕。

江夏实验室凝聚湖北省内外新发突发传染病防控与生物安全领域优势力量,开展协同创新和技术转化,在病原发现、致病机制等方面取得原始创新重大进展,构建了新冠病毒突变株的特异、快速、简便的 RT-PC 筛查试剂盒,联合研发的全新小分子抑制剂 VV116 附条件获批上市。

在湖北宜昌,三峡实验室围绕六大研究方向成立磷石膏综合利用、微电子关键化学品等六大研发中心,11 位行业专家领衔担任实验室首席科学家，265名专职研发人员全力攻克科技难题，在微电子关键化学品研发领域实现新突破，制备出超高纯电子级硫酸、高性能BOE蚀刻液，实现国产替代。

在湖北襄阳，由武汉理工大学和襄阳市政府共建的隆中实验室取得"既顶天，又立地"的成果：一是原创性成果。傅正义院士团队在材料过程仿生制备新技术方面的成果发表在 Science 杂志上，其主要思想和方法是"从生物制造过程或者生物制造过程—生物结构的关系中得到启示和灵感，发展材料的合成与制备新技术"，对多功能复合材料的合成与制备具有重要指导意义（图9-3）。二是技术创新成果。华林教授团队发明了高强钢铝合金构件形变相变协同高效短流程成形方法，研制了多肘杆柔性调节高效伺服冲压装备，其轻量化构件在东风、吉利、标致、日产、本田汽车，华为5G卫星天线等产品上得以应用，为湖北"51020"现代产业体系中4个万亿级产业集群之一的汽车制造业转型升级提供强大技术支撑（图9-4）。

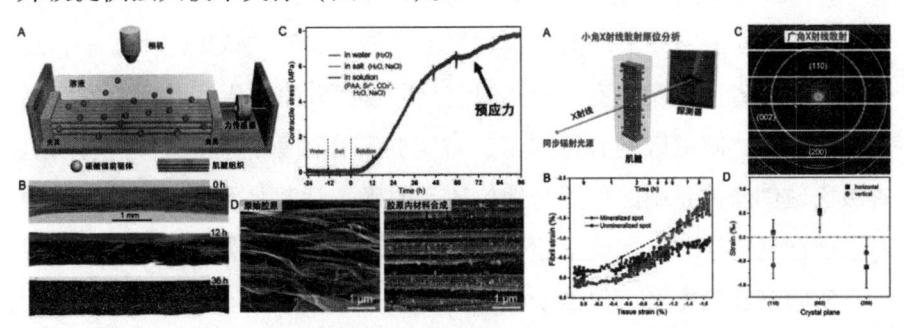

图9-3　隆中实验室傅正义院士团队研究成果发表在 Science 杂志

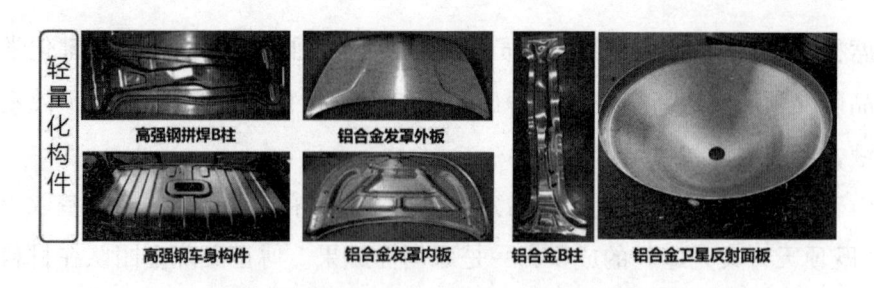

图9-4　隆中实验室华林教授团队研究成果应用于汽车产业

（三）湖北省实验室科技人才引育存在的问题

省实验室以提升重大领域原始创新能力、突破重点产业发展关键技术瓶颈为使命，开展重大原创性研究和协同科研攻关，取得了一些成果。同时，省实验室对区域创新体系构建起到优化作用，助推湖北产业高质量发展。但省实验室在科技人才引育方面还存在一些问题，主要包括以下4个方面。

1. 发展思路不够清晰，科技人才需求缺乏规划

由于省实验室发展时间不长，目前对省实验室的认识还不统一，对省实验室与省重点实验室、省实验室与国家实验室、省实验室与省级新型研发机构之间的区别有待厘清，省实验室在国家科技战略力量体系、省级区域创新体系中的作用与地位还不明确。就湖北而言，尽管省级政府层面已制定湖北省实验室建设与运行管理办法，牵头组建单位也形成了省实验室建设方案，但由于各部门认识上的差异，该文件的有效落实还不到位。在科技人才方面，目前各个实验室对未来5年引进科技人才的需求量还缺少科学预测与合理规划，一部分省实验室在引进人才方面进展缓慢，重存量缺增量，重数量缺"领军"，双聘人才多但全职人员少，尚未形成人才规模、人才梯队，这势必影响省实验室的有效运行。

反观广东、浙江、江苏等外地省实验室发展思路清晰，科技人才规模不断增长。其中，鹏城实验室、之江实验室、紫金山实验室、季华实

验室、深圳湾实验室等 10 家省实验室投入强度大、人才引进力度大，新增科技人才超过 1000 人（见表 9-5）。与湖北相比，这些省实验室基本上是新起点、新场地、新机制、新人才，已远远超过湖北实验室科技人才队伍建设的规模水平。

例如，位于深圳的广东鹏城实验室虽建设时间不长，但规模已较大，除在南山区过渡场地的办公用房 14.5 万平方米，在西丽湖国际科教新城建设未来园区规划用地 2039 亩（约 136 万平方米），总建筑面积 150 万平方米，4 年间集聚了包括 31 位院士、200 位国际会士、国家杰青等高端人才等 3400 余位，建成了以"鹏城云脑"为代表的若干重大科技基础设施与平台，发布了"丝路"多语言机器翻译平台、"鹏程·盘古"中文预训练语言模型等一系列重大应用。由于科技人才聚集，鹏城实验室将展示我国在通信领域研发最高水平。

表 9-5 我国部分省实验室建设情况统计

省实验室名称	成立时间	投入经费（亿元）	规划面积（亩）	人才规模（人）	部署重大科技基础设施（大科学装置）
鹏城实验室	2018 年 3 月	135	2039	3400	鹏城云脑、鹏城靶场等四大设施
之江实验室	2017 年 9 月	100	1400	2500	智能计算数字反应堆等装置
甬江实验室	2021 年 5 月	260	773	800	极端环境材料大科学装置
瓯江实验室	2021 年 5 月	200	500	300	再生调控与眼脑健康重大平台
紫金山实验室	2018 年 8 月	100	2055	1100	未来网络实验设施（CENI）

续表

省实验室名称	成立时间	投入经费（亿元）	规划面积（亩）	人才规模（人）	部署重大科技基础设施（大科学装置）
姑苏实验室	2020年6月	200	500	350	纳米真空互联实验站
季华实验室	2018年4月	100	1000	1462	生物医学物理综合试验设施
松山湖材料实验室	2018年4月	120	1200	1000	中国散裂中子源、阿秒激光设施等
合肥实验室	2017年2月	70	806	1800	稳态强磁场装置、国家起算中心等
岳麓山实验室	2022年3月	100	1421	1000	重大战略种质培育设施等

资料来源：根据部分省实验室网站资料整理。

2. 经费投入不足，人才研发平台有待夯实

由于省验室是面向科技前沿、补创新能力短板的战略举措，侧重基础研究，需要长期、稳定的投入。尽管首批七大湖北实验室2021年度运行经费3.5亿元已全部到位，但对省实验室实体化、持续化运营只是杯水车薪。以江夏实验室为例，牵头单位、地方财政、合作企业联合投入4.9亿元，规划建设的抗病毒疫苗药物研发四大平台已完成两个，但该实验室的核心大分子疫苗药物研发平台尚无钱启动，迫切需要大额资金投入。再如光谷实验室，所依托的办公场所及研发场地均存在较大制约，部分青年科技人才的实验室、孵化区场地不足，严重影响创新创业积极性。而广东等地举全省之力建设省实验室，如位于佛山的季华实验室投入资金达100亿元，浙江省每家实验室投入标准更高。平台兴则人才兴，省实验室只有打造一流研发平台才能吸引一流人才，当前亟须基

第九章 基于湖北省实验室科技人才生态优化的实证分析

于湖北省实验室创新平台基础条件，盘活存量，做大增量。

据全国省实验室网站公开信息统计，目前有13家省实验室理事长由省级主要领导担任，21家由地市主要领导担任。抽取的10家新建省实验室中，经费投入超100亿元的省实验室有9家，且建设面积超过500亩（约33万平方米）（如图9-5）。省实验室建设投入经费主要用于大科学装置、重大检测设施、创新样板工厂、科学家社区建设等。其中，大科学装置具有"知识吸引器"作用，其与省实验室的结合将打造高密度科技创新资源聚合体，更有利于吸引高层次科技人才聚集。目前，湖北一家省实验室的经费仅有5000万元，与外地相差较大。据调查，由于湖北经费投入不足，发展战略不明，导致部分实验室虽已挂牌成立，但仍然驻留在"母体"中，对实体化运作持观望态度。与此同时，一些已取得原创性成果的实验室科技人才由于缺经费、缺场地、缺转化，研发进展不能达到预期目标，焦虑感与日俱增，对湖北实验室的建设发展缺乏信心，或有离开湖北的打算。

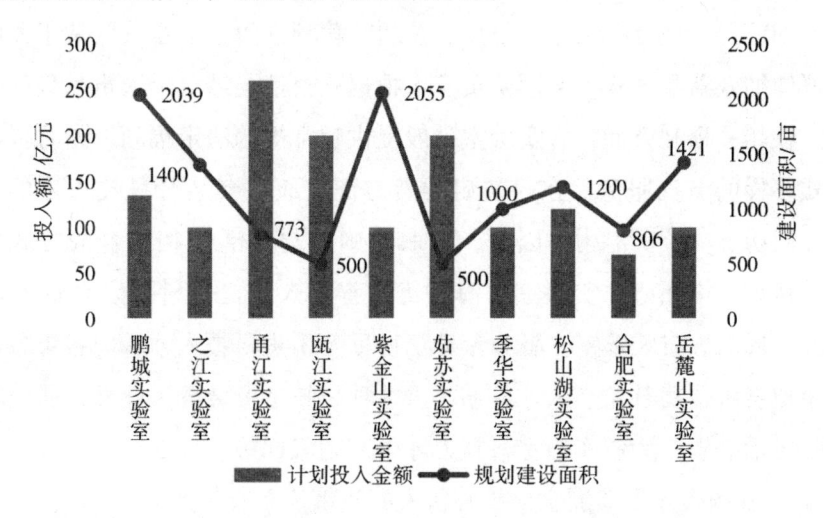

图 9-5 我国部分省实验室经费投入与建设规模

3. 引才方式不够灵活，常态化多渠道引才机制尚未形成

从湖北实验室招聘方式看，公开招聘、全职引进仍是主要模式，常态化、多渠道引才机制尚未形成。例如，珞珈实验室2021—2022年虽分两次发布招聘信息，但每次招聘人数较少，在待遇方面对人才的吸引力与发达地区也相形见绌。

例如，鹏城实验室、之江实验室等外地省实验室发挥"以才引才"效应，多以"省实验室+团队"名义对外招聘，且多频次、大规模、高待遇吸引人才加盟，引才氛围浓郁。四川天府实验室创新探索关键岗位"揭'岗'挂帅"，对于176个攻关"卡脖子"关键核心技术的研发岗位，量身定制可享受的政策清单并同步发布，确保人才"揭榜"即可匹配政策、到岗即可兑现政策，形成强大的引才攻势。

在发达地区，省实验室普遍实行与国际接轨、具有市场竞争力的领先型薪酬制度，通常采用年薪制、协议制，因岗定酬。例如，瓯江实验室全职引进的PI薪酬，普通PI年薪75万~150万元，高级PI年薪150万~250万元，资深PI年薪更高。在绩效薪酬方面，主要采取基于团队的群体绩效薪酬方式，由团队负责人根据项目情况结合个人贡献分配收益。在相关福利方面，省实验室一般提供超常规的法定福利，同时提供形式多样的员工服务。在科研启动费方面，通常会结合科技人才的学历、履历、岗位、潜力等因素，采取原则性与灵活性相结合的方式确定。例如，广州海洋实验室对海外优秀青年人才提供科研启动费1800万元。同时，省实验室"服务专员"协助新引进科技人才，向各级各部门争取各种住房补贴、人才补贴、人才项目扶持资金等。此外，研究成果的灵活处置，为省实验室科技人才带来超额回报。

4. 服务人才不够周全，拴心留人的政策体系有待建立

一方面，在建设科技强省背景下，湖北亟须引进一批增量科技资源，特别是处于国际前沿学科领域的高端科技人才资源，以补齐学科短板,壮大区域战略性科技竞争力。而现有科技人才政策还存在较多盲区,不能有效解决人才子女入学等方面的困难,导致海外高层次人才落户发展普遍存在顾虑。另一方面,湖北实验室研究性质的基础性、公益性,与其不定行政级别、不定编制、不受岗位设置和工资总额限制、实行综合预算管理的"三不一综合"新型事业法人属性相冲突,较之传统机构反而丧失引才优势。因为对于人才个体而言,虽然在省实验室可获得有竞争力的薪酬待遇,但享受不到研究型大学提供的就医、就学等福利,且这些福利本身具备稀缺性、竞争性,使服务于省实验室的科技人才所获总薪酬反而较低,影响高层次科技人才的引育和青年科技人才的成长。

而外地省实验室在创建之初,就建立了以科技人才需求为导向的政策体系。广东省(市)政府充分赋予省实验室人事、财务、科研组织等自主权,按照实事求是、精简高效的原则,可自主聘用人员、合理安排经费使用以及开展科研活动等;在管理上放权、赋权,实行去行政化管理,不定行政级别,实行社会化用人和市场化薪酬制度等。各地将省实验室作为重大人才平台、人才项目,在制定人才发展规划中专门涉及,如山东省打造科技创新特区政策、江苏省人才科研特区政策等。还有一部分地方政府向省实验室"罚点球",定制省实验室人才政策。例如,宁波市给予甬江实验室"两个直接""三个自主"等最大的引才用才自主权,即实验室自主认定的人才直接享受市级人才政策、择优举荐的人才项目直接入选市级人才工程,以及职称自主评聘、项目自主管理、薪酬自主确定等突破性支持举措,这些具体的措施都是湖北实验室吸引科技人才的短板。

二、湖北省实验室科技人才队伍建设的外部环境

现阶段,湖北省实验室科技人才队伍建设的机遇与挑战并存,须结合国家重大战略需求与湖北创新发展的现实需要，基于外部环境分析，考虑各种约束条件，进一步厘清发展思路，明确科技人才队伍建设的具体目标，为省实验室建设提质增效提供有力支撑。当前，省实验室科技人才队伍建设既有难得的历史机遇，也面临严峻的发展挑战。

（一）省实验室科技人才队伍建设的机遇

近年来，从中央到地方高度重视人才工作，密集出台科技人才政策，同时湖北"两个中心"建设加快，"51020"现代产业体系亟须科技人才助力，湖北省实验室具备聚集科技人才的诸多机遇。

1. 各级对科技人才的重视程度不断提升

2021年9月28日，习近平在中央人才工作会议上强调，要深入实施新时代人才强国战略，加快建设世界重要人才中心和创新高地。开展人才发展体制机制改革综合试点，集中国家优质资源重点支持建设一批国家实验室和新型研发机构，发起国际大科学计划，为人才提供国际一流的创新平台。

2022年3月25日，中共湖北省委常委会审议《关于加强和改进新时代人才工作的实施意见》，会议提出："着力打造全国重要人才中心和创新高地，加强各类人才队伍建设，建好用好创新平台，营造识才爱才敬才用才的环境，不断优化人才生态，把惟楚有才的美誉变成人才兴鄂的现实生产力，努力让湖北因人才更精彩、人才因湖北更出彩。"

2022年4月，武汉具有全国影响力的科技创新中心获批建设，成为继北京、上海、粤港澳大湾区、成渝国家科技创新中心后，全国布局建设的第五个科技创新中心。同年5月27日，湖北省委、省政府印发《关于加快推进武汉具有全国影响力的科技创新中心建设的意见》。同年6月25日，在加快推进武汉具有全国影响力的科技创新中心建设暨湖北省科技创新大会上，科技部领导传达了国家布局建设武汉具有全国影响力的科技创新中心的有关意见指出，建设武汉科技创新中心是实施创新驱动发展战略、健全国家创新体系的一件大事，是加快建设世界科技强国的重大任务和战略使命。同年7月14日，武汉公布《加快推进武汉具有全国影响力的科技创新中心建设实施方案（2022—2025）》提出5个方面21类重点工作任务，其中包括高标准建设实验室体系，高水平建设吸引和集聚人才平台。

2022年4月19日，湖北省省长王忠林召开湖北实验室建设推进会指出："加快推进湖北实验室高效运行，全力争创国家实验室，为打造国家战略科技力量、推动湖北高质量发展做出新贡献。"

2022年6月24日，湖北省第十二次党代会提出"建设全国构建新发展格局先行区，创新驱动发展上新台阶"。在湖北，科技对产业转型升级的支撑作用更加凸显。例如，2017—2021年间，全省高新技术产业增加值占GDP的比重由16.26%增至20.63%，提高4.37个百分点；高新技术企业数量由5369家增至14560家，增长171.2%。

2023年4月11日，王忠林省长在调研湖北九峰山实验室时强调："各家实验室要强化目标导向，聚焦加快打造战略科技力量主力军，勇立潮头、当仁不让，努力在实现独立化运行、争创国家实验室、建设人才高地等方面取得新突破，为湖北高质量发展发挥更强支撑作用。"同年11月30日，王忠林省长调研湖北江夏实验室时强调，湖北实验室是打造国家实验室的"预备队"，是全省引领科技创新的"先锋队"。要以国家战略需求为导向、以重大科技任务攻关为主线、以服务湖北先行区建设为落脚点，加快实现聚力提升、进阶提档，全力打造国内乃至全球一流的新型研发机构。并提出，要着力增强策源功能，服务国家战略所需，瞄准湖北发展所向，发挥实验室自身所长，攻克更多"卡脖子"技术，抢占更多技术制高点，培育更多新质生产力，不断厚植发展新优势。

总体而言，全省上下重视科技、鼓励创新、尊重人才的氛围深厚，科技强省建设深入人心，区域创新体系不断完善，湖北实验室等创新平台建设大力推进，创新链、人才链与产业链不断融合。与此同时，湖北密集发布"1+4"科技政策体系，专门出台聚焦人才发展激励政策，围绕人才引进、培育、评价、流动、激励和生态环境6个方面提出了16条创新举措，有利于留住人才，让人才在湖北发挥重要的作用。例如，确立引进培养50名战略科学家、500名创业领军人才的目标；对于顶尖人才的引进，将"一事一议""一人一策"；等等。

2. 湖北建设"两个中心"打造科技人才发展平台

转化科教优势为创新优势、发展胜势的核心在人才，重点在科技人才平台打造。近年来，湖北深入实施创新驱动发展战略，高位推进科技强省建设，成立省委书记、省长"双组长"的省推进科技创新领导小组，举全省之力创建"两个中心"。2022年6月25日，国家正式宣布支持建设武汉具有全国影响力的科技创新中心，湖北提出"高标准建设实验室体系"等8个方面举措。

国家支持湖北强化原始创新策源地功能。聚焦光电、生物、量子等战略前沿领域关键核心技术攻关，支持湖北优势科研力量参与国家实验室建设，承担重大科技项目，加快世界一流研究型大学和高水平科研机构建设，培育科技领军企业，打造一批具有国际影响力的战略科技力量。

作为"两个中心"建设的核心承载区，东湖科学城加快重点优势产业技术创新平台布局，在智能设计与数控、数字建造、智能芯片、激光、智慧水电、病毒性疾病防治等优势特色领域谋划创建一批国家级重大技术创新平台，组织实施"卡脖子"关键核心技术攻关和科技重点研发计划，支持以"揭榜挂帅""赛马制"等新组织模式开展科研项目攻关。目前，3个国家重大科技基础设施被纳入"十四五"重大科技基础设施规划，光谷科技创新大走廊等重大项目进展迅速，为湖北省实验室提供更广阔的科研共享平台。

3. 湖北"51020"现代产业体系亟须科技人才助力

湖北作为制造业大省,在省委十一届九次全会上提出构建"51020"现代产业体系。即新一代信息技术(光芯屏端网)、汽车制造、现代化工及能源、大健康、现代农产品加工5个万亿级支柱产业,高端装备、先进材料等10个五千亿级优势产业,新能源与智能网联汽车、新能源、北斗及应用、航空航天等20个千亿级特色产业集群。

未来,湖北将瞄准未来科技和产业发展制高点,结合经济社会发展重大战略需求,组织实施"基础研究十年行动",强化应用研究带动,建立持续稳定的基础研究投入机制,构建从基础与应用基础研究,到前沿交叉研究、技术创新,再到产业转化的全过程创新生态链,实现更多"从0到1"的突破。同时,坚定不移推进产业转型升级,切实做大做强现代产业集群;把发展经济着力点放在实体经济上,加快调优产业结构、做强产业实力、构建现代产业体系;聚力打造世界一流的"光芯屏端网"等新一代信息技术产业和数字经济高地,紧盯新兴产业重点项目,加大传统产业技改力度。①

(二)省实验室科技人才队伍建设面临的挑战

总体上,省实验室科技人才队伍建设任务还十分艰巨。

一方面,新冠疫情等各种不定性因素影响科技人才流动,美国等发达国家对科技人才的流出限制加强,导致战略科学家、学术带头人等实验室关键岗位的人才供给不充分,影响关键核心技术攻关力量的组织。以半导体领域为例,2022年8月9日,美国总统拜登签署《芯片与科技法案》,法案下设"劳动力和教育基金"虹吸人才,推进其主导体的

---

① 刘天纵."51020"现代产业体系:雄起湖北制造"主力集群"[N/OL].湖北日报,2021-08-04.

CHIP4产业联盟，强化美国对全球半导体产业链的掌控，形成更紧密的排华小圈子，这不仅直接影响中国半导体产业的发展，而且人为设置人才来华障碍，使得芯片产业的国际科技人才供给出现波动。

另一方面，国内主要城市创新能力不断提升，对科技人才的争夺升温，对湖北省实验室引进"帅才旗手"造成一定压力。据智联招聘发布的2022年最具吸引力城市排行榜，武汉排名第9位，位居北京、上海、深圳、广州、杭州、南京、成都、苏州之后。按城市群看，超六成人才流向五大城市群，2022年，长三角、珠三角人才持续集聚，京津冀人才转为净流入趋势。在2022年TOP50城市中，东部、中部、西部、东北地区分别有37、6、5、2个，分别占各区域城市总数的42.5%、7.5%、5.3%、5.9%；一、二、三、四线分别有4、28、15、3个，分别占一、二、三、四线城市总数的100.0%、80.0%、18.5%、1.7%；超六成人才流向长三角、珠三角、京津冀、长江中游、成渝城市群，分别有19、7、3、3、2个，分别占各区域城市总数的73.1%、77.8%、23.1%、11.1%、12.5%。

以武汉与广州为例，近年来，武汉市与广州市在科创高地打造方面的差距拉大。广州科创能力已经开始领先武汉，突出表现在科技创新投入、技术合同成交额、高新技术企业数量等方面。"十三五"期间，广州5年累计科技研究与试验发展（R&D）投入总量超武汉1000亿元左右，是武汉的1.5倍；5年累计财政科技支出超武汉250亿元，是武汉的1.4倍；科创投入规模大，增量科技资源多。2021年新挂牌广州国家实验室，2022年新增两所"双一流"建设高校。2021年，广州技术合同成交额是武汉的2.1倍左右，高新技术企业数量比武汉多2000多家。广州重视与中科院"国家队"的战略合作，国家战略科技力量取得突破。2018年，中国科学院与广州市签订院地合作协议，共建南沙科学城和中科院明珠科学园等。目前在广州建设的大科学装置数量、高水平研究机构数量已居全国前列，"1+2+4+4+N"战略科技创新平台体系持续巩固优化。同时，以粤港澳大湾区国际科技创新中心和大湾区综合性国家科学中心建设为契机，以"一区三城"为基点（广州人工智能与数字经济试验区、南沙科学城、中新广州知识城和广州科学城），广州链接关键节点的创新核和创新轴基本成型。[①]

客观上，湖北省实验室建设起步早，但整体推进时间相对较晚，目前省实验室挂牌数量多，但资金投入还有较大差距，实体化运作效果还不明显，省实验室的发展定位、运行机制、治理体系等还在探索当中，省实验室对人才的吸引力还有待提高。长期以来，长三角地区、粤港澳大湾区制定了一系列优惠的引才政策，大手笔、常态化招聘科技人才，导致全国特别是中西部地区青年科技人才大量流入，湖北作为教育大省的人才优势地位仍在不断下降。同时，发达省份提前布局省实验室等研发平台，浙江、广东、江苏、山东等地发展省实验室投入大、势头迅猛，不惜重金延揽国内外战略科学家等高层次科技人才。前有标兵，后有追兵。四川、河南、福建、天津等地举全省之力创建省实验室，对科技人才的引进力度空前，预计未来科技人才的争夺战将会更加激烈。

三、湖北省实验室科技人才队伍建设对策

当前，湖北正在创建全国有影响力的科技创新中心，亟须依托省实验室建设全国科技人才高地，加快战略科技人才引育，优化省实验室科技人才生态，打造一支高水平的科技人才队伍，进而促进省实验室发展提质增效。

（一）总体思路

省实验室科技人才队伍建设的总体思路：以习近平总书记在中央人

---

① 武汉市社会科学院课题组. 基于新发展格局下的武汉与广州发展比较研究 [J]. 武汉社会科学，2023（2）：37-46.

才工作会议上的重要讲话为指引，贯彻落实党的二十大精神，按照湖北省第十二次党代会提出的"建设全国构建新发展格局先行区"战略定位，结合湖北"两个中心"建设目标，围绕重大战略需求和"卡脖子"关键核心技术攻关需要，锚定科技强省建设，面向基础学科、前沿领域、交叉领域加强科研布局，助力湖北"51020"现代产业体系构建，加快省实验室实体化运行，积极探索高能级新型研发机构的市场化运行机制、多主体治理机制、多元化投入机制，实行更积极、更开放、更有效的人才引进政策，精准引进急需紧缺人才，在重点领域集聚一大批战略科技人才、一流科技领军人才和创新团队，从追求人才数量规模向营造"热带雨林"式人才生态环境转变，围绕科技人才"引、育、用、留"四大关键环节，构建"塔尖"亮、"塔腰"壮、"塔基"牢的人才梯队，为湖北推进国家实验室创建、打造全国科技创新高地提供强有力的人才支撑。

如图9-6，湖北依托省实验室打造科技人才高地思路可归纳为"12345610"。实施一个战略目标：建设全国构建新发展格局先行区。围绕两大需求牵引：重大战略任务需求和"卡脖子"关键核心技术攻关。打造3支科技人才队伍：战略科技人才、一流科技领军人才和创新团队。紧扣4大关键环节：围绕科技人才"引、育、用、留"四大关键环节。助力5个万亿产业集群：新一代信息技术（光芯屏端网）、汽车制造、现代化工及能源、大健康、现代农产品加工。协同共享6个大科学装置：脉冲强磁场、精密重力测量、生物医学成像、武汉光源、作物表型组学研究、深部岩土工程扰动模拟。构建10个湖北实验室科技人才发展网络：光谷实验室、珞珈实验室、洪山实验室、江夏实验室、江城实验室、东湖实验室、九峰山实验室、三峡实验室、隆中实验室、时珍实验室。

<<< 第九章 基于湖北省实验室科技人才生态优化的实证分析

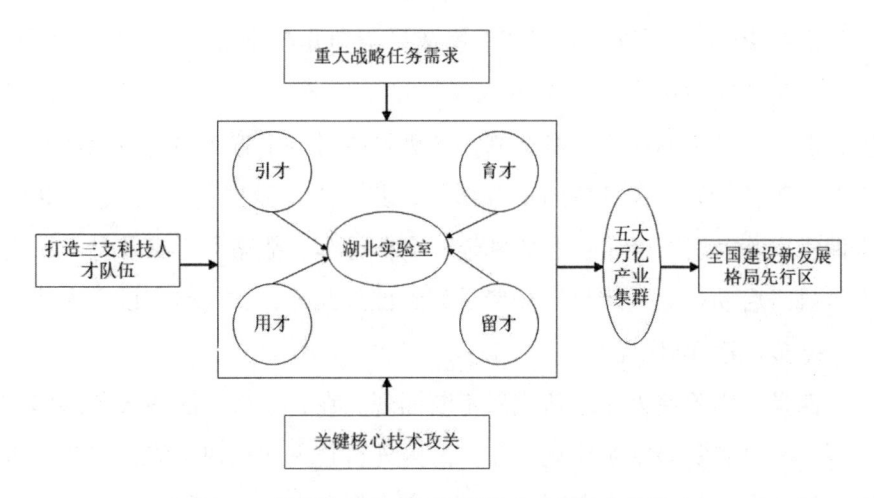

图 9-6 依托省实验室打造科技人才高地总体思路

（二）发展目标

加强省实验室科技人才队伍建设、打造科技人才高地是一项长期而艰巨的工作任务，需要从近期、中期、远期加以谋划。由于研究资料有限，本文结合湖北省"十四五"发展规划和省实验室科技人才需求，提出近期主要目标。

未来3年，湖北省实验室科技人才队伍建设的主要目标包括5个方面。

一是省实验室科技人才规模不断扩大。科技人才总量达到5000人，其中战略科学家100名、学术带头人等骨干研究人员500名、博士（博士后）等青年研究人员3000名、平台工程师等支撑人才500名、经营管理及孵化服务人才900名。

二是省实验室人才平台载体迈上新台阶。加快建设国家重大科技基础设施，促进6个大科学装置与十大省实验室的紧密对接，形成对全球科技人才引育的协同功能。围绕平台提质增效，新建研发中心（研究所）等二级平台50个，将研发任务、研发方向落到实处。围绕创新成果转化孵化，建立概念验证中心10个、创新样板工厂10个、省级中试熟化平台10个，促进湖北省实验室成果与湖北产业发展需求紧密结合。

三是省实验室人才经费投入保持稳定增长。省实验室随着建设推进，形成了稳定的经费支持机制，各级财政对每个省实验室专项经费投入按上年考核后实拨基数的15%增长，其中人才经费占比不低于30%，确保省实验室引才经费、开放基金、揭榜挂帅、战略科学家及骨干研究人员科研启动费等人才工作经费足额到位。此外，省实验室设立人才基金，基金规模30亿元。

四是省实验室人才创新成果不断涌现。在省、市、区各级各部门支持下，经过省实验室实体化运作，海内外科技人才加快聚集，未来一批重大科学发现在省实验室诞生，一批高水平研究论文在国内外顶级学术期刊发表，一批关键核心技术攻克，一批国际、国内发明专利申报获批，一批青年科技人才快速成长，一批高成长性科技企业孵化奋飞。

五是省实验室人才品牌效应凸显。随着湖北科技人才政策不断完善，人才环境不断优化，省实验室科技人才宣传力度进一步加大，影响力进一步增强，湖北实验室成为全省最有影响力的科技人才高地、全国科技人才创新重要基地、国家实验室体系引才育才典范。

表9-6 湖北省实验室科技人才队伍建设的主要目标（2023—2025）

一级指标	二级指标	当前值	目标值
科技人才规模	科技人才总量（人）	1195	5000
	院士等战略科学家数量（人）	51	100
	学术带头人等骨干研究人员（人）	—	500
	博士（博士后）等青年研究人员（人）	—	3000
	平台工程师（人）	—	500
	经营管理及孵化服务人员（人）	—	900

续表

一级指标	二级指标	当前值	目标值
人才平台载体	大科学装置（个数）	3	6
	研发中心、研究所等（个数）	20	50
	概念验证中心（家数）	0	10
	创新样板工厂（家数）	0	10
	中试熟化平台（个数）	0	10
人才经费投入	湖北实验室专项经费增幅（%）	—	15
	科技人才经费在专项经费占比（%）	—	30
	省实验室人才基金规模（亿元）	—	30
人才创新成果	获得一批重大科学发现成果	—	
	发表一批高水平研究论文		
	攻克一批关键核心技术		
	申报获批一批国际、国内发明专利		
	培养一批青年科技人才		
	孵化一批高成长性企业		
人才品牌效应	湖北实验室人才宣传力度加大	定性指标	
	湖北实验室人才品牌效应凸显		

注：因省实验室数据统计不全等原因，此表中部分指标数值暂用"—"代替。

（三）主要任务

基于未来发展目标，围绕科技人才"引、育、用、留"四大关键环节，湖北依托省实验室打造科技人才高地的主要任务包括4个方面。

1. 实施湖北省实验室"1235"引才工程

省实验室要真正体现"人才为本"的思想，通过国际公开招聘等多种形式广泛吸纳国内外一流科学家到实验室工作，通过聚集高素质科技人才为原始性创新提供跨学科、自由宽松的学术思想交流、碰撞和竞争合作的环境。基于省实验室科技人才需求预测与供给现状，加快引进科技人才是推进湖北省实验室建设的重中之重。因此，要在推进实验室平台建设的同时，实施湖北省实验室"1235"引才工程。具体包括集中打造1个品牌，建立2条引才渠道，重点引进3类紧缺人才，注重5个结合原则。

——在引才战略上，集中打造1个品牌。

一方面，明确功能定位，分类制定省实验室人才需求规划与发展战略。一是强化省实验室建设的认识。目前湖北已有全国重点实验室30家，排名全国第4位。但湖北科技实力与上海等地还有较大差距，一流科研机构数量少、一流创新人才数量少、一流科研基础设施数量少，面向国际前沿技术的创新力量还不够强。[①] 因此，必须在巩固现有科研平台基础上大力发展新型科研平台，以省实验室为重要抓手推进科技强省建设。二是明确湖北实验室功能定位。将省实验室与全国重点实验室加以区分，优势互补。吸收新型研发机构的机制灵活优势，注入省实验室实体化、市场化运作当中，使省实验室真正发展成为引领省创新驱动发展的战略科技力量。三是根据各个省验室的预期目标、运行效果，分类制定人才规划。例如，基于当前9个省实验室科技人才队伍现状，对于已实现实体化运行的省实验室，引导其加强科技人才引进，并将人才的规模、层次、类型等纳入省实验室年度考核指标体系，重点考核其全职科技人才增量。对于企业牵头组建的省实验室，引导其优化人才结构，并加大"双聘"岗位人才引进力度。

另一方面，实施专项引才行动，集中打造湖北省实验室品牌。建议由湖北省科技部门牵头，建立省实验室科技人才联合体，统一推广湖北省实验室品牌，不断提升省实验室的影响力与知名度，这有利于吸引聚

---

① 石峰. 对标上海：武汉全国科创中心的创建［J］. 长江论坛，2021（4）：19—27.

集科技人才。在跟进措施上，实施"湖北省实验室专项引才行动"，统一开展海内外人才招聘，形成湖北打造全国影响力人才高地的强大攻势。统一发放省实验室新加盟科技人才编号，提升科技人才对省实验室的认同感、归属感。建立省实验室与科技人才信息匹配机制，兼顾企业为主型、高校院所为主型、校地共建型省实验室对科研人员的需求特点，在人才信息方面资源共享、合作共赢。

——在引才方式上；建立2条引才渠道。

采取"线上+线下"结合的方式，形成2条引才渠道。一方面，建立省实验室线上引才平台和常态化引才机制。利用云端路演、洽谈，以省实验室平台打造永不落幕的"楚才兴鄂"人才荟。另一方面，通过线下多措并举，不断丰富拓展湖北实验室引才渠道。

一是面向海内外知名研发机构和全球"高被引学者"等榜单，通过对接全球性的科技社团，在全球创新重镇建立海外人才离岸基地联系网络，开展靶向引才，选帅树旗。

二是结合湖北实验室的优势学科领域，诚邀青年人才依托省实验室申报国家自然科学基金优秀青年科学基金项目（海外），以"海外优青"等国家级人才项目引进青年科技人才。

三是实施"揭榜挂帅"注重柔性引才。由省实验室"发榜"，邀请全球英才"揭榜"，通过项目合作的形式引进人才。

四是通过专业型的高端猎头公司，为省实验室引进急需紧缺人才。

——在引才对象上，重点面向3类紧缺人才。

一是院士等战略科学家。在光电子、集成电路、生物育种等领域大力引进"帅才型科学家"，在实验室研究方向、重大项目决策上发挥好"关键少数"的关键作用，同时以省验室为平台加快培养"两院"院士，打造省实验室战略科学家梯队。

二是学术带头人（PI）等骨干研究人员。深挖"校友+"资源，建立省实验室全球学术带头人网络，以"湖北实验室+PI"名义延揽人才，并尽快配齐创新团队，形成整体效能。

三是博士后等青年人才。借鉴美国劳伦斯伯克利国家实验室、深圳鹏城实验室等国内外知名实验室经验，由省人社厅设立"湖北实验室博士后创新专项"（简称"博新专项"），提高博士后待遇，大力引进博士后人才进入湖北实验室工作。对于优秀博士后在其出站后可以直接转聘。

——在引才策略上，注重5个结合原则。

一是省实验室引才要与重大科技基础设施集群建设相结合。重大科技基础设施也被称为"大科学装置"或"大科学设施"，是突破科学前沿、抢占科技制高点的重要利器。目前，国家在湖北已布局脉冲强磁场、精密重力测量等3个大科学设施，脉冲强磁场优化提升、作物表型组学研究和深部岩土工程扰动模拟3个项目已纳入国家"十四五"相关专项规划，位居全国前列。省实验室在谋划发展战略时，要与6个大科学装置结合起来，形成互补优势。注重发挥重大科技基础设施平台的引才功能，高位对接八方英才，充分体现人尽其才、物尽其用。

二是省实验室引才要与各级重点人才工程相结合。一方面，实施"湖北省实验室海外优青延揽计划"，依托省实验室申报国家自然科学基金优秀青年科学基金项目（海外），并提供1∶1配套资金，吸纳海外优秀青年人才加盟。另一方面，在湖北省"百人计划"、湖北省"科技创新团队"、武汉市"武汉英才"计划、襄阳"隆中人才"计划、宜昌"三峡英才"计划、光谷"3551人才"计划等地方人才计划中，提供湖北实验室直接举荐人才名额。

三是省实验室引才要与组建单位的优势资源相结合。要发挥知名高校作为牵头组建单位的学科优势、引才条件优势，确保"一个高于""三个不低于"，即省实验室引进人才的薪酬待遇高于牵头组建高校的同类人才，安家费、科研启动费、有关福利待遇不低于牵头组建高校的同类人才。要发挥知名企业作为牵头组建单位的资源优势，倡导实施"实验室+高校"人才双聘、"实验室+企业"双报到制度，充分挖掘科技人才的潜力。

四是省实验室引才要与湖北省"51020"现代产业体系构建相结合，聚焦5个万亿级支柱产业、10个五千亿级优势产业、20个千亿级特色产业集群，引进优质中介服务机构，提供全方位、全产业链、专业化、市场化的人力资源服务，为湖北实验室科技人才打造研发平台、创业舞台。

五是省实验室引才要与新型科技人才需求和全球科技人才迁徙规律相结合，精准对接，靶向引才。与传统科技人才不同，新型科技人才兼具多重知识结构与能力结构，追求市场化的薪酬机制，应通过平台引领使新型科技人才看到广阔的事业发展前景。同时，基于全球网络空间流动性的增强，探索虚拟集聚、离岸集聚、短期流动等柔性引才方式。①

2. 打造湖北实验室"4+N"育人平台

省实验室育人平台包括加快推进4个平台建设、N个研究基地建设。

一方面，加快推进4个平台建设。当前，要围绕省实验室加快推进4个平台建设，为科技人才的引育提供良好条件，实现平台留人、事业留人。

研发平台。根据湖北验室建设方案设立的科研方向，加快建设研究所（研发中心）等二级平台，为科技人才加盟提供载体。已建成的研究所、研发中心要尽快补充力量，形成研发优势。在建研发平台要科学

---

① 高子平. 上海2035：培育、吸引和发展新型科技人才［J］. 世界科学，2020（S1）：41-44.

谋划，抢占制高点。

支撑平台。一是省实验室建好用好自身的支撑平台，加快购置仪器设备，加快建设检测中心等创新平台，为人才研发提供条件；二是充分利用3个大科学装置的平台资源，与省实验室形成合作关系，优先满足湖北室验室研发需求，同时加快建设3个国家重大科技基础设施，以6个湖北重大科技基础设施集群赋能湖北实验室人才发展；三是省实验室发挥协调作用，挖掘利用组建单位的共享资源。

成果转化平台。当前要结合省实验室研发方向，按照市场化运行机制，着力打造概念验证中心、中试熟化基地、创新样板工厂等新型孵化载体，打造省实验室成果转化链条。一是借鉴美国麻省理工学院Deshpande中心、费城大学城QED概念验证计划等成功模式，建立省实验室概念验证平台，通过提供技术可行性、种子资金、商业评价、技术转移等概念验证活动，验证省实验室特定技术的商业潜力。设立省实验室概念验证专项资金，吸引行业头部企业、投资机构等投资省实验室早期成果。二是结合每家省实验室的研发方向，打造中试熟化基地，助力科技成果向产品转化。三是对于产品成形、进入孵化期的创新成果，可以在湖北实验室量身定制1000平方米左右的创新样板工厂，加快成果商品化、产业化。

人才交流平台。建议由省科技厅高新技术促进中心牵头，建立"全球项目路演中心"等省实验室科技人才服务平台，举办"技术交流会""人才沙龙"等活动，促进湖北实验室科技人才互动交流，展示最新技术创新成果，促进产学研紧密合作。

另一方面，加快推进N个研究基地建设。夯实湖北实验室"核心+基地+网络"基础，以创新场景集聚各种资源。在数字经济时代，创新动机更多元，创新活动更复杂，更加注重场景驱动下创新链与产业链深度融合的全新范式。① 目前，广东、浙江等地的省实验室在创办之初就注重基地建设。在湖北，珞珈实验室已率先行动，走出武汉，联手赤壁，由珞珈实验室出智、地方政府出资，双方共建"中试谷"智能无人系统测试基地，承担国家智能无人系统标准建设，取得明显成效。这种模式值得在湖北实验室加以推广，深入探索省实验室"核心+基地+网络"架构，打造"研究平台+重大专项+科技园区+产业基金"模式，构建湖北实验室协同创新网络。

3. 探索湖北实验室"科技人才特区"新型用人机制

借鉴北京、上海、广东、浙江、江苏、山东等地经验，依托湖北实验室打造"科技人才特区"，探索新型用人机制，主要包括实行"一个单列"、推进"四个转变"、支持"六个自主决定"。

实行"一个单列"：省实验室研发人才编制单列。由湖北省编制委员会按照特事特办的原则，设立湖北实验室"编制池"，参照有关政策规定，对于引进的高层次、高学历的专职研发人才提供省直单位事业编制，并实行"总量控制、人走编留、动态管理"原则。

推进"四个转变"：一是在组织形态上，变"单打独斗"为"团队作战"，探索团队负责制、重大项目委托协商制等科研组织模式，增强集团化科技攻关能力。二是在组织方式上，变"研产割裂"为"融合发展"，盘活参建单位等优势资源，推进省实验室为主导的校企联合创新，实现从科学到技术、从研究到应用的一体化。三是在科研模式上，变"小散全"为"有组织的科研"，探索新型举国体制下的组织化科研机制、市场化成果转化机制、开放式协同创新机制，推进职务成果所有权和长期使用权改革。四是在资金来源上，变政府部门"单一投入"

---

① 尹西明，苏雅欣，陈劲，等. 场景驱动的创新：内涵特征、理论逻辑与实践进路[J]. 科技进步与对策，2022，39（15）：1-10.

为政府、企业、社会等"多元投入"。

支持"六个自主决定":一是重大人事自主决定。除实验室主任外,其余人员的任免由省实验室自主聘任。二是内部管理自主决定。一方面,省实验室自主制定各项规章制度,经实验室主任办公会通过即可实施,建立与国际接轨的实验室管理体系;另一方面,自主优化组织结构,打破"科层制",减少管理层级,实行"扁平化""矩阵制""网络式"管理模式,形成柔性、去中心化内部治理结构。三是岗位设置自主决定。省实验室建立数字化人才管理平台,结合研究方向、科研任务、经费资源等因素,由实验室二级平台、团队负责人"自下而上"决定岗位数量,确保按需设岗、按岗聘用、动态调整、能进能出。四是薪酬标准自主决定。省实验室自主决定人员薪酬体系,科研人员实行以"年薪制"为主的薪酬模式。加大对承担重大科研任务领衔人员的薪酬激励。五是考核方式自主决定。由实验室自主决定分类考核方式,对侧重基础研究的人才实行长期考核,考核首席科学家;对重大关键核心技术实行大团队制,考核团队及其 PI,实行"里程碑"式管理,按个人贡献参与分配;对高度集成的产业化项目,采取产学研联盟协同攻关制,多主体参与分配。六是经费使用自主决定。科研项目提倡"揭榜挂帅",自主设立开放基金。项目实施期间,项目负责人可按规定自主组建团队、自主安排经费支出、自主调整技术路线和研究方案。

4. 优化湖北实验室"居、学、医、评"服务体系

当前,要围绕省实验室科技人才共性需求,关注人才的社会属性,重视支持引进人才的社会融入,着力破解"居、学、医、评"四大难题,让科技人才深度融入湖北生活圈,扎根荆楚大地。主要包括以下四项措施。

一是提供优良的居住环境。可以采取两种方案:第一种是针对东湖实验室等新建模的省实验室,可在实验室周边打造科学家社区,为科技

人才提供就近、集中、配套全的居住场所，利于相互交流；设立托婴所等服务设施，为人才专心研究解除后顾之忧。第二种是针对武汉大学、华中科技大学、华中农业大学等研究型高校牵头组建的省实验室，可以发挥大学资源优势，为省实验室科技人才提供住房条件；推广洪山实验模式，由省实验室、引进人员、牵头高校签订三方协议，实验室提供工资薪酬、科研启动费等，高校提供住房等保障，保证引进人员与校内教职员工享受同等待遇。

二是提供子女上学择校便利。建议省教育厅牵头制定湖北实验室"科二代"就学支持专项措施，每年为省实验室提供一定择校名额，针对尚未落户、暂未购房或购房偏远的科技人才，其子女可以就近择校入学。

三是提供就医绿色通道。为省实验室科技人才发"楚才卡"，享受省内国际医院、三甲医院就医便利。对于外籍人才开辟"国际窗口"等绿色通道，对于省外人才提供及时转诊便利。

四是提供职称评审"直通车"。一方面，省实验室按有关程序申报，可以获得高级职称评审权，自主评审；另一方面，省实验室作为新型研发机构，可以突破事业单位职称评审名额限制。此外，对于特别优秀的海外归国科技人才，及时提供职称评审服务，准予破格直评。

借鉴之江实验室、广州生物岛实验室、深圳湾实验室等省实验室文化建设的经验，支持省实验室开展别具一格的文化建设，建设人才驿站，举办各类贴近科技人才需求的交流活动，加强人才的文化认知、身份认同、社会融入等方面关注与支持，营造"创新工作、快乐生活"的人才环境。

（四）重点措施

总体看，湖北省实验室发展参差不齐，有的仍依附于组建单位，尚未实行实体化运行；有的在引进科技人才方面缺乏系统规划和有效举措,引才效果不佳;有的还处于基础建设阶段,科技人才引育尚未纳入议事日程。从发达地区经验来看,省实验室科技人才队伍建设是一项长期、系统的工作,要确保上述目标实现、任务落实,需从政府部门层面加大支持力度,统筹推进。当前,促进省实验室科技人才队伍建设的重点保障措施包括以下5方面。

1. 加强省实验室科技人才工作组织协调

围绕省实验室科技人才队伍建设,加快建立"多部门、多主体"协同共治机制。在省级政府层面,要切实担负起主体责任,加强对湖北省实验室建设的组织领导,推进省实验室实体化运行,建立省实验室建设工作联席会议制度,定期通报省实验室建设情况及科技人才引进工作进展,明确各单位的责任分工,督促各部门履行职责。

充分调动省直部门、地方政府、有关高校、龙头企业等各方面的积极性,形成多方面支持湖北实验室建设的工作格局。省科技厅要履行管理部门职责,继续当好省实验室建设的联络员、协调员,省级科技计划项目向省实验室适当倾斜。省财政厅要做好资金保障,确保省实验室专项资金设立及稳定经费支持。省教育厅要出台得力措施,为省实验室科技人才子女提供上学择校便利。省住建厅要协同有关单位,加快建设打造省实验室科学家社区。省卫健委要整合医疗卫生资源,为省实验室科技人才及其直系亲属提供就医绿色通道。省委人才办、省人社厅、省科协等部门在人才计划、职称评审、博士后、海外人才离岸基地等方面提供政策支持,按照湖北省实验室科技人才队伍建设任务清单做好落实(表9-7)。总之,要群策群力,破解影响省实验室发展的各种难题。建议借鉴浙江经验,由省委组织部统筹,采取挂职、交流等方式,向省实验室派驻服务专员,协助省实验室建设提质增效。

表9-7 支持湖北实验室科技人才队伍建设任务清单

主要工作任务	牵头支持单位	配合部门
建立省实验室科技人才"编制池"及编制单列	省委编办	省人才办、省实验室
为省实验室科技人才子女提供上学择校便利	省教育厅	省人才办、省实验室
建设打造省实验室科学家社区	省住建厅	东湖高新区、襄阳、宜昌
省实验室自主开展高级职称评审等	省人社厅	省实验室
支持省实验室博士后人才引进政策（博新计划）	省人社厅	省实验室
重大人才工程向省实验室倾斜	省人才办	武汉、襄阳、宜昌
为省实验室科技人才及其直系亲属提供就医绿色通道	省卫健委	相关省级以上医疗机构
加快打造研发、支撑、成果转化、人才交流等平台	省科技厅	东湖高新区、襄阳、宜昌
结合湖北"51020"产业体系，加快省实验室基地建设	省经信厅	省科技厅、省实验室
派驻省实验室人才服务专员（挂职一年）	省委组织部	省直有关部门、省实验室
省实验室专项资金设立及稳定经费支持	省财政厅	有关市、区政府
省实验室海外人才离岸基地建设与海外人才引进	省科协	省实验室
省实验室科技人才宣传	省委宣传部	湖北日报、省实验室

资料来源：自制。

各组建单位要履行主体职责，提供各种便利条件，调动省实验室引才的积极性主动性。按照省实验室建设方案，采取有效措施加强科技人才引育工作，根据各实验室科技人才现状，实施分类指导。光谷实验室、珞珈实验室、洪山实验室要借助华中科技大学、武汉大学、华中农业大学的品牌优势和引才渠道，加大全职科研人员的引进力度，注重战略科学家的引进和培育。江城实验室、三峡实验室要结合科技龙头企业资源，大力实施"揭榜挂帅"，注重柔性引才，并加强博士后等青年科技人才的引进与培育。江夏实验室要加强"核心+基地+网络"建设，深化研企合作，注重大健康领域人才引进。隆中实验室要紧扣湖北汽车制造业转型升级，引进国内外顶尖的汽车产业创新人才，攻克"卡脖子"关键核心技术。东湖实验室要加快基础设施建设，筹建各类研发平台，为科技人才引育做好准备。

2. 建立湖北实验室科技人才多元化投入机制

加强财政资金保障。加快形成稳定的经费支持机制，设立省实验室建设发展专项经费，原则上由省、市、区按3：3：4比例承担。采取"长期稳定支持为主、适度竞争为辅"的资助模式，根据各组建单位目标完成情况，给予一定的稳定配套经费和动态奖励经费支持，对省实验室专项经费投入按上年考核后实拨基数的15%增长，其中人才经费占比不低于30%。

支持多元化投入。按照"政府主导、多元投入"方式，支持省实验室争取国家和社会投入，多渠道募集资金。主动对接工信部、水利部等部委，争取省部共建湖北实验室。支持申报国家重大专项，为省实验室开展原创性研发、攻克关键核心技术提供资金支持。鼓励东湖高新区等地方政府设立"自主引才支持资金"，对科技研发人员占比超过60%的平台给予资金支持，用于省实验室引才聚才经费支出。倡导引入优质校友资源，设立"实验室+校友企业"专项资金，用于行业共性技术研发。湖北实验室要积极参与创新联合体组建，多渠道获得企业支持。

创新人才投入机制。支持省实验室加大科技成果转化力度，开展概念验证、中试熟化，并通过项目合作、孵化投资等方式获取资金，实现从"0"到"1"的突破。省实验打造具有孵化加速功能的"创新样板工厂"，全方位支持科研人员创办实体企业，为"纸变钱"提供各种便利条件，通过扶持创业帮助科技人才实现梦想与价值。鼓励科技龙头企业、投资机构与省实验室合作设立产业基金，为省实验室成果转化提供资本助力。

3. 注重省实验室科技人才工作考核评估

制定考核标准。制定省实验室科技人才工作考核标准，从科技人才引进、科技人才平台建设、科技人才经费投入、科技人才创新产出、科技人才服务体系5个维度，通过设立22个考核指标，并确定每个指标的权重与评分标准，对省实验室科技人才工作进行专项考核，评估湖北实验室科技人才工作情况。

加强考核评估。建议由省科技厅牵头，每年组织开展湖北实验室科技人才专项考核评估，可以采取省实验室自评与第三方机构考核相结合的方式，通过信息化手段自动生成数据，尽可能减轻实验室科研人员工作量。将考核情况作为省实验室运行情况的依据。

开展动态监测。对湖北省实验室科技人才队伍建设情况实施动态监测。及时统计各实验室建设及科技人才引育情况，掌握研发平台建设、科技人才规模、重大项目进展、科技成果转化等有关数据，为省实验室科技人才队伍建设提供决策参考。

表9-8 湖北实验室科技人才工作考核指标体系

一级指标	二级指标	评价内容	分值
科技人才引进	科技人才规模	科技人才总量、结构、层次等	5
	开展科技人才引进	举办"线上+线下"招引活动及效果	5
	设立海外人才联络机构	设立或参与海外人才离岸基地	4
	新引进科技人才数量	新引进战略科学家等关键岗位科技人才数	6
	小计		20
科技人才平台建设	自主建设科研平台、团队数量	新建研发中心、研究所等情况	6
	科研平台合作共享	与大科学装置合作情况	4
	新建成果转化孵化平台	实验室新建概念验证中心、创新样板工厂等	6
	新建实验室基地	在实验室外建科研究基地	4
	小计		20
科技人才经费投入	科技人才经费投入强度	科技人才经费在实验室专项经费占比	4
	科技人才经费使用	开展揭榜挂帅、设立实验室开放基金情况	5
	争取国家、省、地方研发资金	获批项目数量、额度	4
	设立或参与人才基金	基金规模（亿元）	4
	参与创新联合体及产学研合作	合作意向与合同金额	3
	小计		20

续表

一级指标	二级指标	评价内容	分值
科技人才创新产出	取得原创性创新成果	发表高水平研究论文及发明专利	5
	攻克关键核心技术	技术在湖北"51020"产业链中的应用与效果	5
	科技人才培育	获批各级人才计划	5
	科技企业培育	孵化高成长性企业	5
	小计		20
科技人才服务体系	完善科技人才相关政策	地方政府、实验室科技人才政策出台与兑现	5
	设立人才服务驿站	驿站建设及服务人员到岗到位情况	4
	人才"居、学、医、评"情况	科技人才满意度(问卷)	5
	举办科技人才交流活动	活动频次、效果	3
	科技人才宣传推广	在主流媒体或新媒体报道科技人才	3
	小计		20

资料来源：自制。

4. 加快省实验室科技人才服务体系建设

扎实做好基础性服务。围绕省实验室科技人才"居、学、医、评"等问题，省直有关部门、各地政府、组建单位分工负责，优化相关制度与办事流程，限期办理办结。省科技厅要组织专班，通过面向科技人才填写在线问卷等方式，不定期开展检查，督促落到实处，让科技人才满意、放心。

设立人才服务驿站。结合实验室科技人才共性需求，在省实验室或科学家社区设立人才服务驿站，开辟咖啡厅、交流室、健身房等公共空间，配备服务专员，引进托婴所等公益性服务机构，为科技人才提供"一站式"服务，解决其创新创业的后顾之忧。

举办科技人才交流活动。举办"人才沙龙""创新工作坊"等小规模活动，为科技人才之间提供交流分享机会，增进感情，提升对省实验室的凝聚力。邀请省人大代表、政协委员、上市企业董事长走进省实验室，了解实验室创新成果，与人才面对面交流，促进省实验室与政府、企业之间的交流合作。

完善科技人才相关政策。省级层面出台相关政策，加大科技人才引进资金支持力度，在省级科技计划中加大原创性研究与"卡脖子"关键核心技术攻关的项目扶持。地方政府层面强化配套资金，支持湖北实验室科技人才集中精力研发，减轻科研人员非科研负担。

5. 加大省实验室科技人才宣传推广力度

加强宣传推广。在《湖北日报》等主流媒体，开设"湖北省实验室巡礼""湖北省实验室成果展示""湖北省实验室精英人物"等专题栏目，对省实验室取得的工作进展与先进经验及时宣传推广，充分展现省实验室在科技强省建设过程中的"四梁八柱"作用。及时报道湖北实验室典型人物，以科技人才在鄂发展的心路历程为视角，描述其"攻坚不畏难""板凳甘坐十年冷"的毅力恒心，为湖北打造全国有影响力的人才高地聚力造势。

设立湖北科技人才日。以湖北省实验室科技人才队伍建设为契机，确立每年秋季（11月18日）为湖北科技人才日，谐音"试一试吧"。在科技人才日举办"湖北实验室人才论坛"及相关展会，发布重大人才政策，展示相关创新成果，以良好的氛围吸引海内外英才加盟湖北。

结论与展望

在科技自立自强背景下，充分调动各方面的积极性，集中力量办大事，加快建设高能级创新平台、抢占科技创新制高点的任务十分艰巨。作为"自下而上"探索的新模式，省实验室发轫于地方创新驱动发展的现实需求，成长于加快国家实验室体系建设的历史强音，担负推动高水平研发、推进高质量发展、引进高层次战略科技人才的历史重任。

本书以近年来全国各地相继创办的122家省实验室为主要研究对象，紧扣科技人才生态主题，通过大量实地调研与访谈，收集省实验室发展一手资料，从宏观到微观、从国际到国内、从理论到实证，在反复论证过程中，提出构建省实验室人才生态的湖北方案。

首先，围绕省实验室的缘起与发展，对我国省实验室发展现状与未来趋势进行系统梳理，分析省实验室与国家实验室、全国重点实验室、省级重点实验室、省级技术创新中心、省级产业技术研究院等创新平台的区别与联系，从省实验室的产生背景、基本概念与主要特征入手，建立研究基础与理论框架。

其次，结合之江实验室等典型案例，围绕"识才—引才—育才—聚才—留才"关键环节，分析我国省实验室科技人才的聚集机制。包括从识才角度，运用文本分析构建省实验室主任胜任力素质模型；从引才角度，通过BP神经网络模型预测省实验室科技人才需求；从育才角度，基于之江实验室的访谈资料，提出省实验室科技人才生态关键因子；从聚才角度，结合国内外6个实验室案例，剖析省实验室科技人才的聚集模式；从留才角度，对我国省实验室科技人才生态的环境营造与政策供给进行总结梳理。

最后，基于湖北省光谷实验室、珞珈实验室、洪山实验室、江城实验室、东湖实验室、江夏实验室、九峰山实验室、三峡实验室、隆中实验室、时珍实验室10家省实验室的实证分析，针对当前省实验室科技人才队伍建设的薄弱环节，提出优化省实验室科技人才生态，推进省实验室提质增效的对策建议。

尽管从科技人才角度对省实验室建设进行了较全面系统的研究，但还存在一些不足之处，值得深入研究：一是对国际经验的研究还有待深入。现有研究对发达国家的国家实验室、新型研究机构研究较多，解剖了部分成功案例。但对国外与省实验室类似的机构还缺乏研究深度，相关案例研究还不充分。今后，需要进一步剖析国外地方实验室运行机制及其科技人才聚集规律，为我国省实验室发展提供参考借鉴。二是对省实验室科技人才的需求与人才供给预测还有待深入。尽管本书运用BP神经网络模型提出省实验室科技人才需求预测方法，但由于省实验室总体上还处于起步阶段，相关数据不全，在预测模型及方法的运用上还不充分，今后随着省实验室建设深入推进，有关资料数据进一步完善，对该方法进行进一步检测、优化与运用。三是对省实验室科技人才的案例挖掘还有待深入。目前对省实验室科技人才的访谈还不够充分，今后需要加强对省实验室科技人才的个案研究，特别是对省实验室青年科技人才健康状况、科研人员非学术负责调查、关键核心技术攻关人才发现及使用机制还需深入研究。同时，可以分领域、分层次加强对不同类型省实验室科技人才生态的研究。

总之，虽然本书为省实验室建设提出了一些可资参考的对策建议，但随着国际形势变化，加快建设战略人才力量、打造科技人才高地面临着更多新情况，省实验室发展也探索出一些新模式，此项研究还需进一步深化与拓展。在未来，笔者将结合省实验室发展进程，对省实验室科技人才进行更深入、更细致的研究，为加快建设世界重要人才中心和创新高地贡献绵薄之力。

参考文献

一、中文文献

(一) 专著

[1] 房超,班燕君,岳昆.战略突围:中外国家大型科研机构管理创新之路 [M].北京:兵器工业出版社,2022.

[2] 钟少颖,聂晓伟.美国联邦国家实验室研究 [M].北京:科学出版社,2017.

(二) 期刊

[3] 白玉,张琰.人才胜任力视角下高校附属医院科研管理人员培养方法探析:以南方医科大学珠江医院为例 [J].科技管理研究,2018,38 (13).

[4] 班燕君,房超,游翰霖.国家实验室的跨机构资源管理模式:美国案例分析及启示 [J].科技管理研究,2021,41 (24).

[5] 卞松保,柳卸林.国家实验室的模式、分类和比较:基于美国、德国和中国的创新发展实践研究 [J].管理学报,2011,8 (4).

[6] 曹鹏,邢明强,杨帆.系统理论视角下人才引进与科技创新关系研究 [J].中国人事科学,2022 (3).

[7] 常旭华, 仲东亭. 国家实验室及其重大科技基础设施的管理体系分析[J]. 中国软科学, 2021 (6).

[8] 陈解放. 基于中国国情的工学结合人才培养模式实施路径选择[J]. 中国高教研究, 2007 (7).

[9] 陈凯华. 习近平关于科技发展重要论述的战略意义[J]. 国家治理, 2022 (13).

[10] 陈丽君, 李言, 傅衍. 激发人才创新活力的生态系统研究[J]. 治理研究, 2022, 38 (4).

[11] 陈丽君, 李言, 傅衍. 激发人才创新活力的生态系统研究[J]. 治理研究, 2022, 38 (4).

[12] 陈悦, 陈超美, 刘则渊, 等. CiteSpace知识图谱的方法论功能[J]. 科学学研究, 2015, 33 (2).

[13] 陈悦. 人才制度体系与创新绩效关系分析[J]. 人才资源开发, 2020 (21).

[14] 成波, 梅涛, 王柏弟, 等. 美国国家实验室科研特征的情报计量学分析[J]. 科技管理研究, 2021, 41 (11).

[15] 楚雨萌, 杜天颜, 陈治宇, 等. 世界重要人才中心和创新高地战略研究[J]. 特区经济, 2022 (10).

[16] 褚思真. 加强国家战略人才力量体系建设[J]. 科技中国, 2023 (5). [17] 代欣玲, 彭小兵, 王京雷. 中国情境下创新人才培养政策的文献计量分析[J]. 科研管理, 2022, 43 (3).

[18] 戴古月, 王峰, 刘耀虎, 等. 国家实验室科研创新方向的导控机制研究[J]. 科研管理, 2023, 44 (6).

[19] 邓子立. 全球竞争格局下的日本科技人才发展战略及经验启示[J]. 中国科技人才, 2021 (2).

[20] 樊春良, 李哲. 国家科研机构在国家战略科技力量中的定位

和作用［J］．中国科学院院刊，2022，37（5）．

［21］方圣楠，黄开胜，江永亨，等．美国国家实验室发展特点分析及其对国家创新体系的支撑［J］．实验技术与管理，2021，38（6）．

［22］冯粲，童杨，闫金定．美国国家实验室发展经验对中国强化国家战略科技力量的启示［J］．科技导报，2022，40（16）．

［23］冯奇，方艳芬，杨佳琪，等．建设科技强国背景下科技管理人员胜任力模型研究［J］．中国人力资源开发，2022，39（12）．

［24］高悦，张向前．建设世界重要人才中心和创新高地的保障机制研究［J］．科技和产业，2022，22（7）．

［25］高子平．上海2035：培育、吸引和发展新型科技人才［J］．世界科学，2020（S1）．

［26］谷丽，丁堃，胡炜，等．研究型大学科研校长胜任特征理论模型研究［J］．科技进步与对策，2015，32（11）．

［27］顾然，商华．基于生态系统理论的人才生态环境评价指标体系构建［J］．中国人口·资源与环境，2017，27（S1）．

［28］管文洁，骆仲泱．国家重点实验室服务国际化人才培养的探索与实践：以能源清洁利用国家重点实验室为例［J］．高等工程教育研究，2019（S1）．

［29］郭宁生，刘春龙．高校科研管理人员素质测评层次分析模型研究［J］．科技进步与对策，2014，31（20）．

［30］郭铁成．建立健全战略科技人才发现和培养机制［J］．国家治理，2023（18）．

［31］郭永辉．嵌入理论视角下军民科技人才共享模式、困境及治理［J］．科技进步与对策，2022，39（19）．

［32］郝玉明，张雅臻．完善科技领军人才分类支持政策建议：基于7个发达省市22项政策的文本分析［J］．行政管理改革，2021（9）．

[33] 何海燕,王馨格,李宏宽.军民深度融合下高校国防科技人才培养影响因素研究:基于双层嵌入理论和需求拉动理论的新视角[J].宏观经济研究,2018(4).

[34] 何科方,刘欣.美欧地方实验室聚集科技人才的做法与启示[J].中国人才,2023(7).

[35] 何科方,刘欣.我国省实验室科技人才聚集的背景、现状与趋势[J].实验室研究与探索,2023,42(3).

[36] 何科方,刘欣.以省实验室为载体集聚更多科技人才[J].中国人才,2023(4).

[37] 何科方.我国省实验室的缘起与发展[J].科学管理研究,2023,41(6).

[38] 何丽君.中国建设世界重要人才中心和创新高地的路径选择[J].上海交通大学学报(哲学社会科学版),2022,30(4).

[39] 何姗,岳璐,郑梦迪,等.国家实验室人力资源管理及其对航天创新人才管理的启示[J].航天工业管理,2022(7).

[40] 胡峰,陆丽娜,黄斌,等.江苏省高技术产业人才需求预测研究:基于改进的新陈代谢GM(1,1)模型[J].科技管理研究,2018,38(16).

[41] 胡开博,苏建南.比利时微电子研究中心30年发展概析及其启示[J].全球科技经济瞭望,2014,29(10).

[42] 黄鲁成.区域技术创新系统研究:生态学的思考[J].科学学研究,2003(2).

[43] 黄宁燕,张丽娟.主要国家打造国家级新型研发机构的实践和运作方式研究[J].全球科技经济瞭望,2023,38(7).

[44] 黄亚婷,王雅,钱晗欣.高校青年引进人才的科研产出如何"提质增效"?——基于混合研究方法的实证分析[J].宏观质量研究,

2022, 10 (1).

[45] 黄悦悦, 王鹏龙, 王宝, 等. 美国能源部国家实验室的创新合作最新动态研究 [J]. 实验室研究与探索, 2022, 41 (9).

[46] 冀巨海, 刘飞飞. 基于系统动力学的煤化工产业人才需求预测 [J]. 经济问题, 2014 (5).

[47] 蹇明, 雷祖英, 杨皓然. 政府主导型校企共建高能级新型研发机构三方演化博弈分析 [J]. 创新科技, 2023, 23 (9).

[48] 瞿群臻, 高思玉, 牛萍. 中国战略科技人才成长阶段流动规律研究: 以281名中国工程院院士为例 [J]. 中国科技论坛, 2023 (3).

[49] 寇明婷, 邵含清, 杨媛棋. 国家实验室经费配置与管理机制研究: 美国的经验与启示 [J]. 科研管理, 2020, 41 (6).

[50] 李东风. 学术圈子与科研基金 [J]. 科技导报, 2015, 33 (2).

[51] 李辉, 房超, 黎晓东. 美国国家实验室运行管理经验与启示 [J]. 实验技术与管理, 2023, 40 (3).

[52] 李辉, 杨坤德, 段顺利, 等. 海洋声学信息感知实验室海洋声学实验与人才培养 [J]. 实验技术与管理, 2021, 38 (1).

[53] 李俊鹏, 李奕蒙. 美国圣地亚国家实验室人才培养启示 [J]. 经济师, 2020 (8).

[54] 李力维, 董晓辉. 中国特色国家实验室体系的鲜明特征、建设基础和发展路径研究 [J]. 科学管理研究, 2023, 41 (1).

[55] 李玲娟, 王璞, 王海燕. 美国国家实验室治理机制研究: 以能源部国家实验室为例 [J]. 科学学研究, 2022, 40 (9).

[56] 李朋波, 张庆红. 国内人才需求预测研究的进展与问题分析 [J]. 当代经济管理, 2014, 36 (5).

[57] 李拓宇, 邓勇新, 叶民. 新型研发机构创新型人才培养模式

构建：基于扎根理论方法的研究 [J]. 高等工程教育研究, 2023 (2).

[58] 李锡元, 边双英, 张文娟. 高层次人才政策效能评估: 以东湖新技术产业开发区为例 [J]. 科技进步与对策, 2014, 31 (21).

[59] 李研. 加拿大发挥国家实验室功能的代表性机构及启示 [J]. 科技中国, 2018 (8).

[60] 李阳, 黄朝峰, 梅阳. 国家实验室如何走军民融合发展之路？——基于美国国防部 MIT 辐射实验室的实践 [J]. 科学管理研究, 2022, 40 (6).

[61] 林振亮, 陈锡强, 张祥宇, 等. 美国国家实验室使命及管理运行模式对广东省实验室建设的启示 [J]. 科技管理研究, 2020, 40 (19).

[62] 刘建安. 以国家南繁实验室为统领建设南繁硅谷的思考 [J]. 农业科技管理, 2020, 39 (1).

[63] 刘开强, 王江, 刘彬. 美国能源部国家实验室国际科技合作趋势及启示 [J]. 实验室研究与探索, 2023, 42 (8).

[64] 刘庆龄, 曾立. 国家战略科技力量主体构成及其功能形态研究 [J]. 中国科技论坛, 2022 (5).

[65] 刘文浩, 郑军卫, 赵纪东, 等. 德国 GFZ 国家实验室管理模式及其对我国的启示 [J]. 世界科技研究与发展, 2017, 39 (3).

[66] 刘欣, 何科方, 盛建新. 基于文献计量分析的国内实验室人才研究述评 [J]. 实验室研究与探索, 2023, 42 (4).

[67] 刘亚静, 潘云涛, 赵筱媛. 高层次科技人才多元评价指标体系构建研究 [J]. 科技管理研究, 2017, 37 (24).

[68] 刘宗巍, 宋昊坤, 郝瀚, 等. 中国智能网联汽车产业人才需求预测研究 [J]. 科技管理研究, 2022, 42 (5).

[69] 卢宵峻, 董国利. 对高校科研管理人员素质培养的研究 [J].

实验技术与管理，2013，30（1）.

［70］鲁世林，李侠. 国外顶尖国家实验室建设的主要特点、核心经验与顶层设计［J］. 科学管理研究，2023，41（1）.

［71］鲁世林，李侠. 美国国家实验室的建设经验及对中国的启示［J］. 科学与社会，2022，12（2）.

［72］鲁世林，杨希. 高层次人才对青年教师的科研产出有何影响：基于45所国家重点实验室的实证研究［J］. 中国高教研究，2019（12）.

［73］吕磊，罗海峰，谢伟，等. 高校重点实验室创新人才培养模式探索与实践［J］. 实验室研究与探索，2021，40（7）.

［74］骆严. 武汉国家实验室筹建与国内外经验借鉴［J］. 实验室研究与探索，2021，40（2）.

［75］马双，王峤，陈凯华. 国际典型国家实验室管理运营机制经验与启示：基于英国国家海洋中心的研究［J］. 全球科技经济瞭望，2020，35（12）.

［76］马宗文，孙成永. 意大利国家实验室的发展经验与启示：以国家核物理研究院的国家实验室为例［J］. 全球科技经济瞭望，2021，36（11）.

［77］闵惜琳. 基于灰色预测模型 GM（1，1）的人才需求分析［J］. 科技管理研究，2005（6）.

［78］穆荣平. 厚植城市创新基因 推动建设世界重要人才中心和创新高地［J］. 中国科技人才，2022（1）.

［79］聂继凯. 国家实验室的内涵厘定［J］. 实验室研究与探索，2023，42（1）.

［80］聂继凯. 国家实验室研究领域富化机理研究：以劳伦斯伯克利国家实验室为例［J］. 中国科技论坛，2022（8）.

[81] 聂继凯, 石雨. 中美国家实验室的发展历程比较与启示 [J]. 实验室研究与探索, 2021, 40 (5).

[82] 聂继凯, 危怀安. 国家实验室建设过程及关键因子作用机理研究: 以美国能源部 17 所国家实验室为例 [J]. 科学学与科学技术管理, 2015, 36 (10).

[83] 彭跃辉. 以评促建加强 国家重点实验室人才队伍建设: 从新能源电力系统国家重点实验室评估谈起 [J]. 中国高校科技, 2014 (Z1).

[84] 庆海涛, 陈媛媛, 关琳, 等. 智库专家胜任力模型构建 [J]. 图书馆论坛, 2016, 36 (5).

[85] 任红松, 陈宝峰, 肖丽, 等. 基于结构方程模型分析科研主体素养对科研创新绩效的影响机制 [J]. 新疆农业科学, 2019, 56 (4).

[86] 芮绍炜, 康琪, 操友根. 科技自立自强背景下加强战略科技人才培养与梯队建设研究: 基于上海实践 [J]. 中国科技论坛, 2023 (9).

[87] 佘京学. 做好国家实验室服务保障和落地承接 [J]. 北京观察, 2021 (10).

[88] 沈中辉. 高校重点实验室建设与创新型人才队伍建设研究 [J]. 实验技术与管理, 2019, 36 (2).

[89] 石长慧, 樊立宏, 何光喜. 中国科技创新人才生态系统的演化、问题与对策 [J]. 科技导报, 2019, 37 (10).

[90] 石峰. 对标上海: 武汉全国科创中心的创建 [J]. 长江论坛, 2021 (4).

[91] 石建勋, 徐玲. 加快形成新质生产力的重大战略意义及实现路径研究 [J]. 财经问题研究, 2024 (1).

[92] 石磊. 奋力建设国家战略人才"金字塔" [J]. 经济, 2023

(12).

[93] 史窑，汪波，徐君群．基于反馈控制方法的科技人才供给预测和结构优化［J］．科技管理研究，2009，29（5）．

[94] 眭川，眭平．实验室创新发展与实验室主任特色素质关系分析：以剑桥大学卡文迪什实验室为例［J］．实验技术与管理，2023，40（1）．

[95] 孙强，杜冰清，江姣姣．高校实验室管理机制与人才队伍建设的探讨［J］．实验技术与管理，2016，33（3）．

[96] 孙锐，孙彦玲．构建面向高质量发展的人才工作体系：问题与对策［J］．科学学与科学技术管理，2021，42（2）．

[97] 孙锐，吴江．构建高质量发展阶段的人才发展治理体系：新需求与新思路［J］．理论探讨，2021（4）．

[98] 孙锐．新时代人才工作新在哪儿［J］．人民论坛，2021（30）．

[99] 孙锐．新时代人才强国战略的内在逻辑、核心构架与战略举措［J］．人民论坛·学术前沿，2021（24）．

[100] 孙锐．新时代新阶段人才强国战略的新内涵［J］．中国人才，2021（6）．

[101] 孙翔宇，王赫然，张志刚，等．新时期集聚高端创新资源的新平台：我国新型研发机构发展概况［J］．中国人才，2023（8）．

[102] 孙晓琦，刘伟升．数字化转型对构建具有国际竞争力的人才发展治理体系的意义及其考虑［J］．国际人才交流，2022（10）．

[103] 谭凯，汪文生，张利，等．基于多元回归：灰色预测组合方法的煤炭行业人才需求预测［J］．煤炭工程，2019，51（3）．

[104] 谭立刚，彭炳忠，周文燕．湖南顶级科技人才发展战略研究［J］．科技进步与对策，2004（8）．

[105] 唐朝永, 牛冲槐. 协同创新网络、人才集聚效应与创新绩效关系研究 [J]. 科技进步与对策, 2017, 34 (3).

[106] 唐德章. 人才生态系统的动态平衡及政策措施 [J]. 生态经济, 1990 (6).

[107] 万劲波, 刘明熹. 国家战略人才力量建设的重点任务 [J]. 国家治理, 2023 (18).

[108] 王斌, 梅秀英, 汪阳东, 等. 林业科研人员评价指标体系构建及权重分析 [J]. 科研管理, 2013, 34 (S1).

[109] 王春安, 危紫翼, 杨茜, 等. 国外先进实验室人员配置与经费情况对我国实验室建设运行的启示 [J]. 实验技术与管理, 2021, 38 (12).

[110] 王春安, 危紫翼, 杨茜, 等. 国外先进实验室人员配置与经费情况对我国实验室建设运行的启示 [J]. 实验技术与管理, 2021, 38 (12).

[111] 王戬, 张薇薇, 陶晔璇, 等. 美国生物医学类国家实验室建设案例剖析及对我国的启示：以弗雷德里克癌症研究国家实验室为例 [J]. 科技管理研究, 2020, 40 (17).

[112] 王建玲, 刘思峰, 邱广华, 等. 苏州市科技创新人才建设现状及供给预测研究 [J]. 科技进步与对策, 2010, 27 (12).

[113] 王江. 国家实验室的数字化转型：多层次视角分析 [J]. 科学管理研究, 2022, 40 (5).

[114] 王江. 国家实验室战略研究：发展历史、现状及未来主要研究主题 [J]. 今日科苑, 2022 (4).

[115] 王金鑫. 基于DEA模型的人才流动经济学分析 [J]. 中国集体经济, 2022 (22).

[116] 王馨, 秦铁辉. 基于嵌入理论的人际情报网络影响因素模

型研究 [J]. 情报理论与实践, 2009, 32 (10).

[117] 王志田, 韩金远, 刘海英. 人才发展战略模式探讨 [J]. 中国科技论坛, 2003 (3).

[118] 危怀安, 胡艳辉. 卡文迪什实验室发展中的室主任作用机理 [J]. 科研管理, 2013, 34 (4).

[119] 尉建文, 陆凝峰, 韩杨. 差序格局、圈子现象与社群社会资本 [J]. 社会学研究, 2021, 36 (4).

[120] 魏阙, 辛欣. 建设世界科技强国背景下国家实验室建设研究 [J]. 创新科技, 2023, 23 (5).

[121] 魏阙, 辛欣. 建设世界科技强国背景下国家实验室建设研究 [J]. 创新科技, 2023, 23 (5).

[122] 吴江. 打造更具韧性的创新人才生态系统 [J]. 世界科学, 2020 (S2).

[123] 西桂权, 刘光宇, 李辉. 基于学科交叉的国家实验室建设研究 [J]. 实验技术与管理, 2022, 39 (11).

[124] 徐示波, 贾敬敦, 仲伟俊. 国家战略科技力量体系化研究 [J]. 中国科技论坛, 2022 (3).

[125] 严霞. 为人工智能发展储备更多战略型人才 [J]. 人民论坛, 2018 (16).

[126] 杨丹辉. 科学把握新质生产力的发展趋向 [J]. 人民论坛, 2023 (21).

[127] 杨俊生, 薛勇军. 基于BP人工神经网络模型的东盟自由贸易区人才需求趋势预测：兼议云南省的应对措施 [J]. 学术探索, 2014 (4).

[128] 杨鹏跃, 朱蕾, 张雪燕. 对国家重点实验室学科建设与领军人才培养的探索 [J]. 研究与发展管理, 2014, 26 (2).

[129] 杨少飞,许为民. 我国国家重点实验室与美国的国家实验室管理模式比较研究[J]. 自然辩证法研究, 2005 (5).

[130] 姚娟,刘鸿渊,刘建贤. 科技创新人才区域性需求趋势研究:对四川、陕西、上海的预测与比较分析[J]. 科技进步与对策, 2019, 36 (14).

[131] 易法敏,文晓巍. 新经济社会学中的嵌入理论研究评述[J]. 经济学动态, 2009 (8).

[132] 尹西明,苏雅欣,陈劲,等. 场景驱动的创新:内涵特征、理论逻辑与实践进路[J]. 科技进步与对策, 2022, 39 (15).

[133] 游翰霖,班燕君,房超. 面向战略管理的国家实验室评估工作机制研究[J]. 科技进步与对策, 2023, 40 (1).

[134] 俞立平,周朦朦,张运梅. 基于政策工具和目标的碳减排政策文本量化研究[J]. 软科学, 2023, 37 (10).

[135] 岳昆,房超. 地方政府支持国家实验室建设的策略研究:基于治理现代化视角[J]. 科学学研究, 2022, 40 (8).

[136] 曾国屏,苟尤钊,刘磊. 从"创新系统"到"创新生态系统"[J]. 科学学研究, 2013, 31 (1).

[137] 曾力宁,李阳,黄朝峰,等. 国家实验室体系构建与制度创新:理论依据与实施机制[J]. 科技进步与对策, 2022, 39 (12).

[138] 张冬梅. 美国大学参与国家实验室管理的动因、途径与趋势[J]. 高等工程教育研究, 2024 (1).

[139] 张辉,唐琦. 新质生产力形成的条件、方向及着力点[J]. 学习与探索, 2024 (1).

[140] 张静一,刘梦. 凝聚、吸引、培养:论国家重点实验室人才培养[J]. 科研管理, 2020, 41 (7).

[141] 张乐,裘钢,张军. 基于比较视角的高水平实验室发展策略

研究：以广东省实验室为例［J］．实验技术与管理，2023，40（5）．

［142］张雯，姚舒晨．人才生态系统与组织创新绩效评价指标体系研究［J］．经济师，2021（1）．

［143］张玥，孙鹏，王涵笑．区域性人才需求量的 GM（1，1）灰色预测模型［J］．科学技术创新，2020（16）．

［144］赵乐静，郭贵春．美国工业实验室的研究传统及其变迁［J］．科学学研究，2003（1）．

［145］赵润州，刘术．从美国博德研究所成功之道看生命科学前沿创新［J］．中国科学院院刊，2022，37（2）．

［146］赵曙明，张紫滕，陈万思．新中国 70 年中国情境下人力资源管理研究知识图谱及展望［J］．经济管理，2019，41（7）．

［147］赵晓萌，周俊杰，陈钰莹，等．不同投入产出评估导向下的广东省重点实验室运行效率研究［J］．科技管理研究，2021，41（15）．

［148］郑代良，钟书华．高层次人才政策的演进历程及其中国特色［J］．科技进步与对策，2012，29（13）．

［149］郑代良，钟书华．中国高层次人才政策现状、问题与对策［J］．科研管理，2012（9）．

［150］郑佳，张泽玉，李秋，等．从论文和专利角度研究比利时微电子研究中心科技创新与国际合作情况［J］．高技术通讯，2019，29（7）．

［151］钟书华．论科技举国体制［J］．科学学研究，2009，27（12）．

［152］周君璧，陈伟，于磊，等．新型研发机构的不同类型与发展分析［J］．中国科技论坛，2021（7）．

［153］朱常海．新型研发机构的发展是在解决哪些问题？［J］．科技中国，2022（10）．

[154] 庄越, 叶一军. 我国国家重点实验室与美国国家实验室建设及管理的比较研究 [J]. 科学学与科学技术管理, 2003 (12).

(三) 其他

[155] 黄蓉芳, 龙琨. 中科院院士、琶洲实验室主任徐宗本: 广州能让科学家"放手去干" [N/OL]. 广州日报, 2021-08-01.

[156] 解码之江实验室: 科技创新新型举国体制下的之江探索 [R/OL]. 瞭望智库, 2022-09-05.

[157] 李辉, 西桂权, 张惠娜. 美国国家实验室联合攻关重大科技任务的组织模式及启示 [EB/OL]. 实验技术与管理, 2023-12-19.

[158] 罗青霞. 季华实验室: 组建年轻科技人才"王牌军" [N/OL]. 佛山日报, 2021-11-12.

[159] 山东省人民政府《关于烟台新药创制等3家山东省实验室建设方案的批复》[EB/OL]. 山东省人民政府官网, 2022-04-22.

[160] 王尔德. 之江实验: 自下而上的国家实验室创建模式 [EB/OL]. 21世纪经济报道, 2018-06-05.

[161] 文俊, 陈建华, 周云峰, 等. 湖北确定加快科技强省建设"路线图" [N]. 湖北日报, 2021-08-28 (2).

[162] 于贵芳, 胡贝贝, 王海芸. 新型研发机构功能定位的实现机制研究: 以北京为例 [J/OL]. 科学学研究, 2023 (1).

[163] 张姣玉, 徐政. 中国式现代化视域下新质生产力的理论审视、逻辑透析与实践路径 [J/OL]. 新疆社会科学, 2024 (1).

[164] 张宇. 2022蓉漂人才日: 天府实验室面向全球首发"揭岗挂帅"榜单176个岗位虚位以待 [EB/OL]. 四川新闻网, 2022-06-12.

[165] 赵振华. 新质生产力的形成逻辑与影响 [N/OL]. 经济日

报，2023-12-22（11）.

［166］浙江省科学技术厅 浙江省财政厅关于印发《浙江省实验室管理办法（试行）》的通知［EB/OL］.浙江省科技厅网，2021-01-22.

［167］中共江苏省委江苏省人民政府印发《关于深化科技体制机制改革推动高质量发展若干政策》的通知［EB/OL］.紫金山实验室，2018-09-13.

［168］朱世强.加快构建高水平基础研究人才培养新平台［N］.光明日报，2023-07-01（7）.

二、英文文献

（一）专著

［169］D'COSTA A P, KOBAYASHI T. Foreign Talent and Innovation: China and India in the Japanese Software Industry［M］// PARAYTL G, COSTA A D. The New Asian Innovation Dynamics: China and India in Perspective. Houndmills: Palgrave Macmillan, 2009.

［170］GUELLICH A, COBLEY S. On the Efficacy of Talent Identification and Talent Development Programmes［M］//Baker J, Cobley S, Schorer J, et al. Routledge Handbook of Talent Identification and Development in Sport. London: Routledge, 2017.

［171］KHILJI S E, SCHULAR R S. Talent management in the global context［M］//COLLINGS D G, MELLAHI K, CASCIO W F. The Oxford Handbook of Talent Management. Oxford: Oxford University Press, 2017.

［172］MOHAMMED A A, HAFEEZ-BAIG A, GURURAJAN R. Talent Management as a Core Source of Innovation and Social Development in Higher Education［M］//PARRISH D, JOYCE-MCCOACH J. Innovations in Higher Education-Cases on Transforming and Advancing Practice. London: Intech Open, 2018.

[173] MUNJAL S, KUNDU S. Exploring the Connection Between Human Capital and Innovation in the Globalising world [M] //KUNDU S, MUNJAL S. Human Capital and Innovation: Examining the Role of Globalization. London : Palgrave Macmillan, 2017.

[174] SPENCER L M, SPENCER S M. Competence at Work: Models for Superior Performance [M]. New York: Wiley. 1993.

[175] SWAILES S. Talent Management: Gestation, Birth, and Innovation Diffusion [M] // ADAMSEN B, SWAILES S. Managing Talent. Cham: Palgrave Macmillan, 2019.

[176] WHORF B L, CARROLL J B. Language, Thought, and Reality: Selected Writing of Benjamin Lee Whorf [M]. Cambridge: The MIT Press, 1956.

(二) 期刊

[177] AUSTIN J. Reanimating the Vital Center: Challenges and Opportunities in the Regional Talent Development Pipeline [J]. New Directions for Community Colleges, 2012 (157).

[178] BARYKIN S Y, KAPUSTINA I V, VALEBNIKOVA O A, et al. Digital Technologies for Personnel Management: Implications for Open Innovations [J]. Academy of Strategic Management Journal, 2021, 20 (2).

[179] BENJAMIN S. The American Lab: An Insider´s History of the Lawrence Livermore National Laboratory [J]. Technology and Culture, 2021, 61 (4).

[180] BJØRNDAL C T, RONGLAN L T, ANDERSEN S S. Talent de-

velopment as An Ecology of Games: A case study of Norwegian handball [J]. Sport, Education and Society, 2017, 22 (7).

[181] BRIDGES R, LEMONS N, MATHAN E, et al. Career Paths for Mathematicians at National Labs [J]. Math Horizons, 2022, 30 (1).

[182] CELIK M A. Does the Cream Always Rise to the Top? The Misallocation of Talent in Innovation [J]. Journal of Monetary Economics, 2023, 133.

[183] CLEMENTS D, MORGAN K, HARRIS K. Adopting An Appreciative Inquiry Approach to Propose Change within A National Talent Development System [J]. Sport, Education and Society, 2022, 27 (3).

[184] COHEN L R, NOLL R G. The Future of the National Laboratories [J]. Proceedings of the National Academy of Sciences, 1996, 93 (23).

[185] COOKE P. Regional Innovation, Entrepreneurship and Talent Systems [J]. International Journal of Entrepreneurship and Innovation Management, 2007, 7 (2-5).

[186] D'ALMEID P B, MARAT-MENDES T. Housing Matters in The 1970s: Foundations, Legacies, and Impacts from The National Laboratory for Civil Engineering's Research in Portugal [J]. Planning Perspectives, 2023, 38 (2).

[187] DIROMUALDO A, EL-KHOURY D, GIRIMONTE F. HR in the Digital Age: How Digital Technology Will Change HR's Organization Structure, Processes and Roles [J]. Strategic HR Review, 2018, 17 (5).

[188] FORD J, HARDING N, RUSSELL D S. Talent Management and Development. An Overview of Current Theory and Practice [J]. Open Journal of Business and Management, 2021, 9 (4).

[189] GEDDIE K. Policy Mobilities in the Race for Talent: Competitive State Strategies in International Student Mobility [J]. Transactions of the Institute of British Geographers, 2015, 40 (2).

[190] GRAMEGNA F. Physics at The Legnaro National Laboratories: Present Activities and Future Challenges [J]. Journal of Physics Conference Series, 2023, 2586 (1).

[191] HAMPTON-MARCELL J, BRYSON T, LARSON J, et al. Leveraging National Laboratories to Increase Black Representation in STEM: Recommendations within the Department of Energy [J]. International Journal of STEM Education, 2023, 10 (1).

[192] HARVEY W S. Winning the Global Talent War: A Policy Perspective [J]. Journal of Chinese Human Resource Management, 2014, 5 (1).

[193] HIERONIMUS F, SCHAEFER K, SCHRÖDER J. The Using Branding to Attract Talent [J]. The McKinsey Quarterly, 2005, 3.

[194] HOOKS D. Los Alamos National Laboratory Unveils Renovated Finishing Facility [J]. Products Finishing, 2022, 86 (6).

[195] IBRAHIM R, ALOMARI G. The Effect of Talent Management on Innovation: Evidence From Jordanian Banks [J]. Management Science Letters, 2020, 10 (6).

[196] JORDAN G B, STREIT L D, BINKLEY J S. Assessing and Improving the Effectiveness of National Research Laboratories [J]. IEEE Transactions on Engineering Management, 2003, 50 (2).

[197] JOTABÁ M N, FERNANDES C I, GUNKEL M, et al. Innovation and Human Resource Management: A Systematic Literature Review [J]. European Journal of Innovation Management, 2022, 25 (6).

[198] KARABOĞA T, GÜROL Y D, BINICI C M, et al. Sustainable Digital Talent Ecosystem in the New Era: Impacts on Businesses, Governments and Universities [J]. Istanbul Business Research, 2020, 49 (2).

[199] KHILJI S E, TARIQUE I, SCHULER R S. Incorporating the macro view in global talent management [J]. Human Resource Management Review, 2015, 25 (3).

[200] KIM B G, KIM I S. A Study on Policies of Chinese Overseas Talents and Entrepreneurial Activities in Distribution Industry [J]. Journal of Distribution Science, 2020, 18 (11).

[201] KOH A. Global Flows of Foreign Talent: Identity Anxieties in Singapore's Ethnoscape [J]. Sojourn: Journal of Social Issues in Southeast Asia, 2003, 18 (2).

[202] KULIKOVA N N, KOLOMYTS O N, LITVINENKO I L, et al. Features of Formation and Development of Innovation Centers Generate [J]. International Journal of Economics and Financial Issues, 2016, 6 (1).

[203] LEWIN A Y, MASSINI S, PEETERS C. Why Are Companies Offshoring Innovation? The Emerging Global Race for Talent [J]. Journal of International Business Studies, 2009, 40 (6).

[204] MARTINDALE R J, COLLINS D, DAUBNEY J. Talent Development: A Guide for Practice and Research Within Sport [J]. Quest, 2005, 57 (4).

[205] ORNSTEIN A C. The Search for Talent [J]. Society, 2015, 52 (2).

[206] PAPIANO J. Flourishing in a new talent ecosystem [J]. People & Strategy, 2016, 39 (3).

[207] PLOYKITIKOON P, WEBER C M. Knowledge Pathways and

Performance: An Empirical Study of the National Laboratories in a Technology Latecomer Country [J]. International Journal of Innovation and Technology Management, 2019, 16 (3).

[208] QIAN H. Talent, Creativity and Regional Economic Performance: the Case of China [J]. The Annals of Regional Science, 2010, 45 (1).

[209] RABBI F, AHAD N, KOUSAR T, et al. Talent Management as A Source of Competitive Advantage [J]. Journal of Asian Business Strategy, 2015, 5 (9).

[210] RAMACHANDRAN R. Enabling Dispersed Innovation: How The United States Can Utilize Its Long Tail of Talent [J]. International Journal of Innovation and Technology Management, 2012, 9 (1).

[211] REIMER D. Growing Talent in A New Workplace Environment [J]. People and Strategy, 2016, 39 (3).

[212] RÖGER U, RÜTTEN A, HEIKO Z, et al. Quality of Talent Development Systems: Results from An International Study [J]. European Journal for Sport and Society, 2010, 7 (1).

[213] SHARIF M N. Technological Innovation Governance for Winning the Future [J]. Technological Forecasting and Social Change, 2012, 79 (3).

[214] SIEGEL D, BOGERS M, JENNINGS P D, et al. Technology Transfer from National/Federal Labs and Public Research Institutes: Managerial and Policy Implications [J]. Research Policy, 2023, 52 (1).

[215] SIMONTON D K. Scientific Talent, Training, and Performance: Intellect, Personality, and Genetic Endowment [J]. Review of General Psychology, 2008, 12 (1).

[216] STEIGERTAHL L, MAUER P R. Investigating the Success Factors of the Nordic Entrepreneurial Ecosystem-Talent Transformation as A Key Process [J]. The International Journal of Entrepreneurship and Innovation, 2021, 24 (1).

[217] TAFTI M M, MAHMOUDSALEHI M, AMIRI M. Critical Success Factors, Challenges and Obstacles in Talent Management [J]. Industrial and Commercial Training, 2017, 49 (1).

[218] VALENTI A, HORNER S V. Leveraging Board Talent for Innovation Strategy [J]. Journal of Business Strategy, 2019, 41 (1).

(三) 其他

[219] ANKNER J. Polymer Studies at Oak Ridge National Laboratory using neutrons [EB/OL]. The American Chemical Society, 2012, 243.

[220] BAUMANN S, RUPKEY S. System to Identify, Analyze and Control the Hazards of Laboratory Researcher at Argonne National Laboratory [EB/OL]. The American Chemical Society, 2016, 251.

[221] Biden – Harris Administration Makes Historic Investment in America's National Labs, Announces Net – Zero Game Changers Initiative [EB/OL]. The White House, 2022-11-04.

[222] CORTRIGHT J, MAYER H. High Tech Specialization: A Comparison of High Technology Centers [R]. Washington: The Brookings Institution, Center on Urban and Metropolitan Policy, 2001.

[223] ELISE F. Career Opportunities with a US National Laboratory [EB/OL]. The American Chemical Society, 2019, 257.

[224] FOUNG W T Y, YEH Y S, JAW B S. Talent Management Model in Digital Age: Strategic Internal Entrepreneurial Mechanism [C]. Paris:

Atlantis Press, 2020.

[225] FOX E. Career Opportunities with a US National Laboratory [EB/OL]. The American Chemical Society, 2019, 257.

[226] GRUBBS R B. Polymer Science at the Center for Functional Nanomaterials and Brookhaven National Laboratory [EB/OL]. The American Chemical Society, 2012, 243.

[227] HUNYADI S M. Nanotechnology Innovations and Career Opportunities at Savannah River National Laboratory [EB/OL]. The American Chemical Society, 2018, 256.

[228] Interuniversity Microelectronics Center. IMEC History [EB/OL]. IMEC, 2022-08-01.

[229] KAO T C, CHEN Y Y, KANG Y N. A Study of Online Tutors' Teaching Efficacy and Effectiveness in Eastern Taiwan [C]. Okayama: IEEE, 2015.

[230] KERR S P, KERR W. Global Talent Fosters Innovation and Collaborative Patents [EB/OL]. LSE Business Review, 2018-10-30.

[231] KERSTING A. Helping Build a Future Nuclear Forensics and Radiochemistry Workforce: Education Efforts within the Seaborg Institute at Lawrence Livermore National Laboratory [EB/OL]. The American Chemical Society, 2015, 249.

[232] KERSTING A. Training the Next Generation of Radiochemists: Education Efforts at Lawrence Livermore National Laboratory [EB/OL]. The American Chemical Society, 2014, 248.

[233] PICKEL D. Macromolecular Nanomaterials at Oak Ridge National Laboratory [EB/OL]. The American Chemical Society, 2012, 243.

后 记

我与科技创新有缘。我生在科学的春天——1978年3月20日，我出生后不久适逢全国科学大会胜利召开，邓小平在大会开幕式上提出"科学技术是生产力""四个现代化关键是科学技术的现代化""建设宏大的又红又专的科学技术队伍"等著名论断。当时父亲是村小学的一位民办教师，收音机里激动人心的讲话让他备受鼓舞，遂给我取名"科方"。

20多年后，我求学于"红色工程师的摇篮"——华中科技大学，追随导师研究科技政策与科技管理，在企业加速器、创新驿站等科技创新平台的研究方面小有成果。甫一毕业，加入知名高新区中国光谷，后辗转于武汉2个开发区、3家国家级孵化器从事中小企业培育工作。这些年，我打交道的几乎全是海归科学家、科技创业者，每天思考最多的是创新创业、科技自立自强……

2019年年底，我离开科创实战岗位，加入武汉一所省属高校任教，本书是转换跑道后的第一本专著。本书的写作源于湖北大力推进全国科技创新中心建设，奋力迈向科技强省新征程。2021年春，在全省科学技术大会上集中揭牌成立7家湖北省实验室。由此，引发我对省实验室的关注与思考。两年多来，我先后到全国各地的省实验室，与科研人员、专家、管理者深度访谈，将省实验室作为我的"田野"。

本书得到湖北省科技信息研究院盛建新研究员大力支持。由他牵头，我们3家单位通力合作，如期完成相关课题研究任务。以此为基础，我对省实验室人才生态问题进一步进行延展研究，获得湖北省高校哲学社会科学研究重大研究课题资助，为本书的写作提供了支持条件。

感谢刘欣博士参与，她为本书第一章、第四章、第五章付出了辛勤劳动！我的好兄弟廖宜顺、许沛华多次对本书的大纲及内容提出修改意见，喻家山下601寝室的浓厚情谊历久弥新。

师恩似海。在写作过程中，我多次向导师钟书华教授请教，关键时刻总能得到钟老师的鼓励、点化。老师严谨的学风、渊博的学识、谦逊的为人，将是我永远学习的榜样！

同门情深。我自博士毕业后，离开理论研究战场多年，手艺生疏，常求教于诸位师弟师妹，得到曾婧婧、刘钒、何为东、柳婷、叶火杰、高飞、黎越亚、王林、杨雅南、钟兴等同门的关心与帮助，在此致以谢意！

我还要感谢李技文副教授、王灿博士、甘畅博士等，时常相约于恒青湖畔，交流碰撞，给我很多启发，使我受益良多。我所在的学院领导及学校统战部汪德平部长、廖前兰副部长，科发院李建芬院长等对我的研究也给予大力支持。我的研究生田柳、何枳润多次参与本书的绘图、排版工作。

感谢湖北省社科院李灯强研究员对本书的关心与帮助！

感谢光明日报出版社对本书出版的支持！

可以肯定的是，伴随省实验室这个"新物种"的成长，我国科技创新能力将不断提升。然而，省实验室的创立毕竟是一项新探索，统计资料欠缺，研究工作开展实属不易，加上本人才疏学浅，书中难免存在纰漏，恳请读者批评指正。

行文至此，已是2023年最后一天。这些年我们一起相伴走过，经历风和雨，感谢我妻子万成静的鼓励与支持！

武汉的冬天，寒意袭人，但我已听到了春的呼唤。

新年的钟声即将响起，祝愿我们所有人都平安喜乐！

何科方

2023年12月31日夜于金银湖畔